超時短Photoshop

人物写真の補正 速攻アップ！

藤島 健 著

技術評論社

JN255760

ご購入・ご利用前に必ずお読みください

●本書記載の情報は、2017年9月1日現在のものになりますので、ご利用時には変更されている場合もあります。また、ソフトウェアはバージョンアップされる場合があり、本書での説明とは機能内容や画面図などが異なってしまうこともあり得ます。本書ご購入の前に必ずソフトウェアのバージョン番号をご確認ください。

● Photoshop については、執筆時の最新バージョンである CC 2017に基づいて解説しています。

●本書に記載された内容は、情報の提供のみを目的としています。本書の運用については、必ずお客様自身の責任と判断によって行ってください。これらの情報の運用の結果について、技術評論社および著者はいかなる責任も負いかねます。また、本書の内容を超えた個別のトレーニングにあたるものについても、対応できかねます。あらかじめご承知おきください。

●サンプルファイルの利用は、必ずお客様自身の責任と判断によって行ってください。これらのファイルを使用した結果生じたいかなる直接的・間接的損害も、技術評論社、著者、プログラムの開発者、ファイルの制作に関わったすべての個人と企業は、一切その責任を負いかねます。

以上の注意事項をご承諾いただいた上で、本書をご利用願います。これらの注意事項をお読みいただかずに、お問い合わせいただいても、技術評論社および著者は対処しかねます。あらかじめ、ご承知おきください。

本文中に記載されている製品の名称は、一般にすべて関係各社の商標または登録商標です。

はじめに

Photoshop はさまざまなグラフィック作成に重用されていますが、もともとはフォトレタッチを行なうことを目的に開発されたソフトウェアです。登場から長年の進化を経て、フォトレタッチを行なう上でよほどのことがない限り不可能なことはないといってもいいくらいのソフトに成長しました。

それは人物写真の補正・レタッチにおいても同様です。しかし高機能であるがゆえに、どのような手順で作業したら効率よく結果が求められるか迷ってしまうこともあるでしょう。

本書では人物写真に的を絞り、補正・レタッチが必要となる状況を想定して、それぞれの状況で効率よく結果を求めることができる作業工程を紹介しています。

開発者でもすべての機能を把握できていないといわれるほど高機能な Photoshop なので、筆者が把握できていない便利な工程、掲載している工程よりも効率がいい方法が見つかる可能性もありますが、人物写真の補正作業の効率アップのための参考としてください。

2017年8月

藤島 健

[モニタの色再現性を正確にしておくことが重要]

周辺環境に注意が必要

レタッチ作業では写真の色や明るさを調整することになりますが、そうした作業を行なう際には作業スペースの環境にも気を配りましょう。まず、モニタにはフードを取りつけるようにして、周囲の光源の光が当たらないようにします。これによって常に一定の光の状態でモニタを見ることができるようになります。

当然モニタの設置場所にも注意が必要です。作業するときに背後に窓がくるような場所に設置してしまうと、日中には外の明るい光が入り込んで色が浅く見えてしまい、暗くなってからは逆に明るく見えすぎてしまうという不安定な状況になってしまうので避けなければいけません。明るさや発色を安定させるためには、最低限この2つはなんとかしたいところです。

モニタに取り付けるフードは、専用品が用意されているモニタもありますが、段ボールなどの軽くて工作しやすい材料を使って自作することもできます。その際には黒い素材を使うようにしましょう。写真はEIZOのモニタに用意されている専用フードです。自作の場合はこの形状をまねて作るといいでしょう。

モニタの色再現に注意

レタッチを行なう際に気にしなければならないのは、モニタが正確な色再現をしているかということです。自分の環境だけで見たり、所有するプリンターで出力するだけなら気にする必要はありませんが、仕事としてレタッチを行ない、印刷データとして使用したり、Web 上で商品写真として使用する場合などでは、色再現に注意する必要があります。

モニタの表示は、一般的に事務作業に合わせてあるので、かなり青が強い発色になっています。そこで、レタッチ作業をする環境ではできるだけ正確な色再現ができるように、モニタのキャリブレーションを行なうようにしましょう。そのためにはある程度のクラスのモニタを用意したいところです。

本格的に写真のレタッチを仕事として毎日のように行なうのであれば、色再現性に優れたモニタがおすすめ。後述するキャリブレーション機能を搭載している製品もあります。写真のEIZO ColorEdge CS230はエントリークラスの製品で、専用のキャリブレーションセンサーが付属するモデルも用意されています。

モニタのキャリブレーション

モニタのカラーキャリブレーションを行なうと、正確な色で写真を見ることができるようになるので、色の補正などが正しく行なえるようになります。メーカー初期設定の青が強いままのモニタで補正を行なうと、印刷データとして印刷所に渡したときに、青味が少ない、黄色の強い写真になって印刷されてしまいます。こうしたトラブルを避けるためにも、モニタキャリブレーションを行なっておきたいものです。

Webでの表示になると、相手のモニタの表示状態はコントロールできないので難しい問題になってきますが、最近のWebブラウザはカラープロファイルを使用した表示に対応しているので、こちらが正確な色で写真データを作ってプロファイルを埋め込んでいれば、大きく違う色にはならないでしょう。

モニタのキャリブレーションは手動で行なうこともできますが、専用のツールを使うことで簡単に行なうことができます。しかしモニタは使用していると経年劣化で色表示も徐々に変わってくるので、定期的にキャリブレーションを行なう必要があります。毎回手動で行なうのは現実的ではないので、専用ツールを導入するといいでしょう。

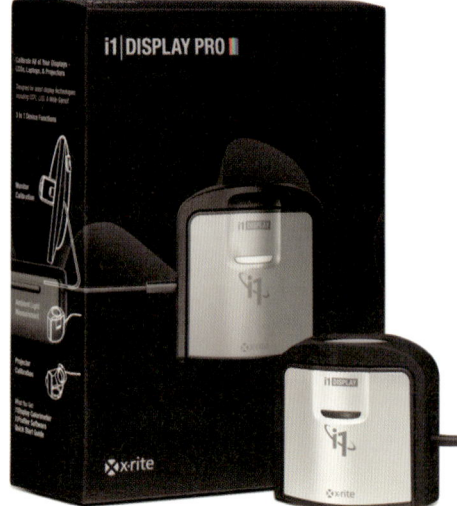

モニタキャリブレーションツールはいくつかのメーカーから出ています。写真はX-rite社のi1 Display Proです。

datacolor社のSpyder5シリーズは用途に合わせて3シリーズがラインナップされています。レタッチする写真を使うのがWebだけであればSpyder5EXPRESSを、印刷原稿を制作するならSpyder5PROを選ぶといいでしょう。

より正確な色再現を求めるならカラーマネージメントを

ここから先は難しい話になってしまうので内容については触れませんが、より正確に色再現性を追求する場合は、モニタ、Photoshop、出力する機器（カラープリンタ、印刷機など）を含めてカラーマネージメントを行なう必要があります。興味がある方はカラーマネージメントについて書かれている書籍を読んでみるといいでしょう。

『改訂新版 写真の色補正・加工に強くなる〜Photoshopレタッチ＆カラーマネージメント101の知識と技』上原ゼンジ著・庄司正幸監修（技術評論社）はPhotoshopによる写真のレタッチと同時にカラーマネージメントについても解説しており、カラースペースやプロファイルといった色再現に不可欠な知識が得られます。

キー表記について

本書では Mac を使って解説をしています。掲載した Photoshop の画面とショートカットキーの表記は macOS のものになりますが、Windows でも（小さな差異はあっても）同様ですので問題なく利用することができます。ショートカットで用いる機能キーについては、Mac と Windows は以下のように対応しています。本書でキー操作の表記が出てきたときは、Windows では次のとおり読み替えて利用してください。

Mac ／ Windows

Mac		Windows
⌘ (command)	=	Ctrl
Option	=	Alt
Return	=	Enter
Control ＋クリック	=	右クリック

なお掲載した画面は、[環境設定]（⌘＋K）の[インターフェイス]にある[アピアランス]で[カラーテーマ]を右から2番目のワークエリアの明るさに設定しており、初期設定の明るさとは異なります。

Contents

作例写真について

本書で使用している作例写真は基本的に提供しておりません。解説されている操作を実践されたい場合はご自身で用意された写真で行なってください。

例外として、数例については撮影モデルの厚意によりサンプルとして利用できるようになっています。弊社ウェブサイトからダウンロードできますので、以下のURLから本書のサポートページを表示してダウンロードしてください。その際、下記のIDとパスワードの入力が必要になります。

http://gihyo.jp/book/2017/978-4-7741-9253-6/support

[ID] jitanps   [Password] portrait

ダウンロードした写真は著作権法によって保護されており、本書の購入者が本書学習の目的にのみ利用することを許諾します。それ以外の目的に利用すること、二次配布することは固く禁じます。また購入者以外の利用は許諾しません。

ダウンロードしたファイル以外の写真の提供のご要望には一切応じられませんのでご承知おきください。任意のサービスですのでファイルの取得から利用までご自身で解決していただき、ダウンロードに関するお問い合わせはご遠慮ください。

〔 Part 〕

1

人物補正の
共通ワザ

Tip 01

いつでもやり直しがきく修正の進め方

↓

レイヤー、調整レイヤー、ヒストリーなどの機能を 有効活用する

⌘+Zキーでの後戻りは限りがある

Photoshop でのレタッチ作業では、とくに細かい部分の修正などでうまくいかずにやりなおしが必要になることがあります。間違いにすぐ気がつけば ⌘+Z キーでひとつ前に戻る（アンドゥ）ということができ、アンドゥ可能な回数は ⌘+K キーで表示される［環境設定］の［ヒストリー数］で設定できるので、ある程度までは元に戻ってやり直すことができます。

しかし、ブラシツールを使用しているときなどは気がつくと設定してある回数を過ぎてしまっていることもあり、完全に戻せなくなってしまうことがあります。そうしたときのために他にも対処方法を覚えておきましょう。

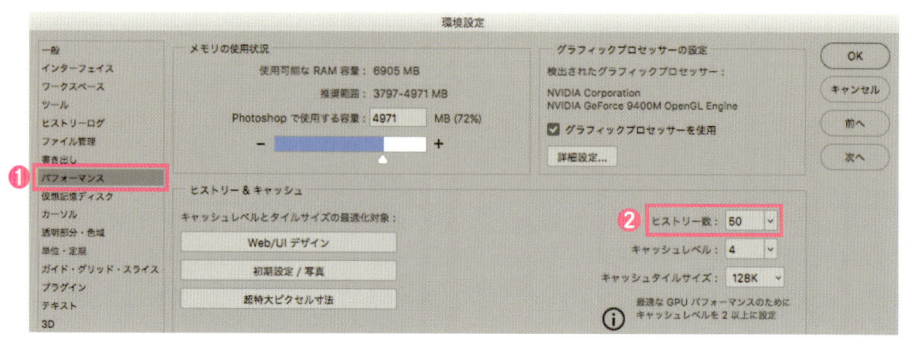

［環境設定］メニューで開かれる環境設定ダイアログボックス。その中にある［パフォーマンス］❶の［ヒストリー数］❷でアンドゥできる回数を設定することができます。あまり大きな数字に設定すると使用メモリが増えて全体のパフォーマンスが落ちるので、むやみに増やすことは避けましょう。

レタッチする画像をレイヤーとして複製する

一番簡単なのは、これから手を加える画像をレイヤーとして複製して、そのレイヤーに手を入れていく方法です。オリジナルの画像が残っているので、いつでも最初からやり直すことができます。ただし、途中までの作業はすべて失われるので、あくまで最後の手段として考え、この後で説明する途中経過を失わないための方法を活用しましょう。

1 レイヤーとして画像を複製するには、レイヤーパネルで「背景」を［新規レイヤーを作成］ボタンにドラッグ＆ドロップします。

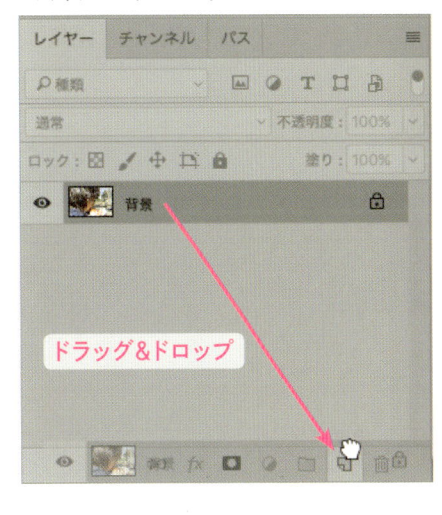

ドラッグ＆ドロップ

2 「背景のコピー」というレイヤーが作られるので、このレイヤーを使って作業していけば最悪の場合でもこのレイヤーを捨てることで最初の状態からやり直すことができます❶。バックアップとする「背景」は目のアイコンをクリックして❷非表示にしておいてもいいでしょう。

調整レイヤーを使用する

色調補正などを行なう際は、メニューコマンドを使用するのではなく、「調整レイヤー」を使用するようにしましょう。

補正前の状態に戻したくなったら、その調整レイヤーを削除するだけです。し

かも調整レイヤーで行なった補正は属性パネルで何度でも調整し直すことができるので、ほとんどの場面で納得のいく状態になるまで微調整することで、レイヤーを破棄せず補正を済ませることができます。また、レイヤーマスクで補正を加えたくない箇所を簡単にマスクできるので、非常に便利です。メリットが多いので調整レイヤーをどんどん活用しましょう。

1 レイヤーパネルの［塗りつぶしまたは調整レイヤーを新規作成］ボタン❶をクリックして表示されるメニューから行ないたい補正方法を選んで調整レイヤーを作成します❷。

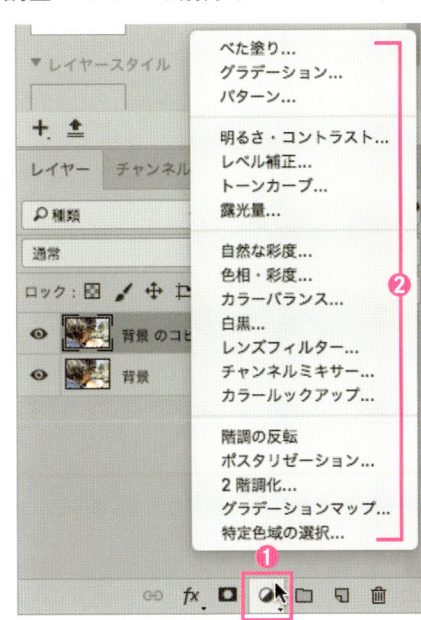

2 調整レイヤーでの補正は属性パネルで行ないます。作成した調整レイヤーに合わせてパラメータの内容が表示されるので、スライダーなどを操作して調整しましょう。

ヒストリーパネルでスナップショットを残しておく

ヒストリーパネルは作業工程を1ステップごとに記録しています。記録する工程数は環境設定で設定した数値までですが、任意の工程までワンクリックで戻ることができて便利です。また「スナップショット」という機能が用意されていて、作業の大切なところでスナップショットをとっておくと、ワンクリックでその時点まで戻すことができます。複数の工程が必要なレタッチを行なうときには、工程ごとにわかりやすい名前をつけてスナップショットをとっておくと便利でしょう。なお、ファイルを閉じるとヒストリーとスナップショットは削除されます。

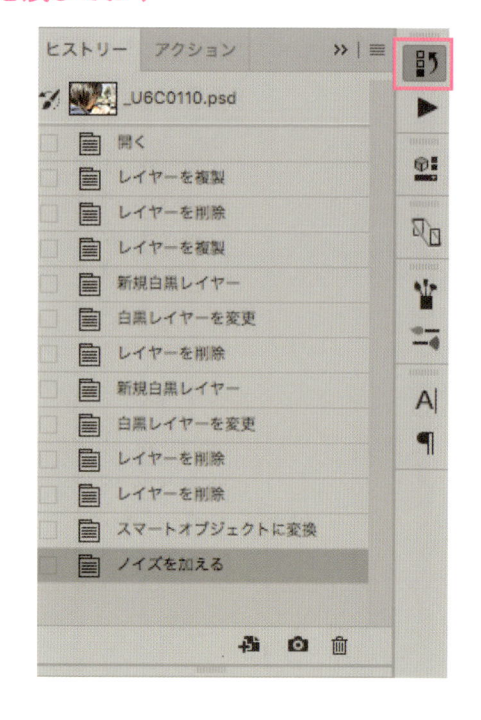

1 ヒストリーパネル。図のようにひとつひとつの工程が記録されているので任意の工程まで戻ることができます。

2 　カメラのアイコンが［新規スナップショットを作成］ボタンです❶。ボタンを押すとスナップショットはヒストリーパネルの上部に保存されていくので❷、名前をダブルクリックして「マスク制作完了」、「フィルター」などわかりやすい名前をつけて保存しておくと、作業をやり直したい工程まで簡単に戻ることができます。

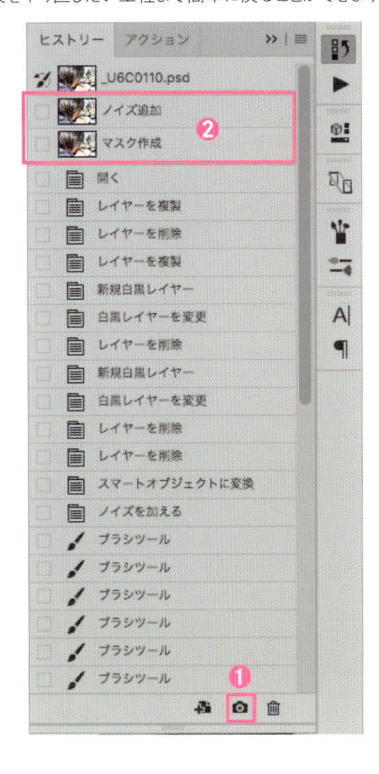

［別名で保存］で工程を保存

究極の失敗対策は、各工程ごとにわかりやすい名前をつけて保存しておくことでしょう。適宜［別名で保存］を実行してわかりやすいファイル名をつけて保存します。

1 　別名で保存する場合は［ファイル］メニュー→［別名で保存］で行ないます。また、ヒストリーパネルの［現在のヒストリー画像から新規ファイルを作成］ボタンを押すと、新たな別ファイルとして以降のレタッチ作業を続けることができます。

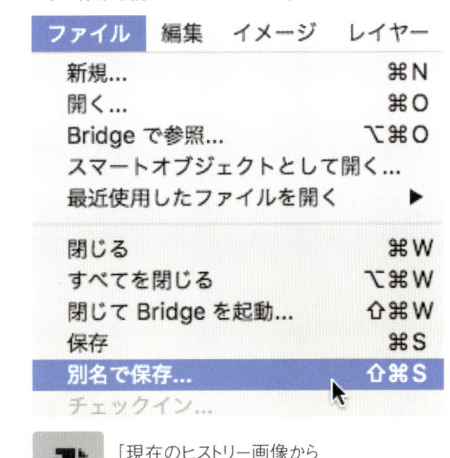

［現在のヒストリー画像から新規ファイルを作成］

【 Point 】

Photoshopでの作業効率をアップする方法のひとつに、キーボードショートカットがあります。メニューの右側に書かれているのがそのショートカットキーです。ぜひ覚えて活用しましょう。［編集］メニューにある［キーボードショートカット］では、初期設定でつけられているショートカットを変更したり、ショートカットがないコマンドに新たにショートカットをつけることができます。

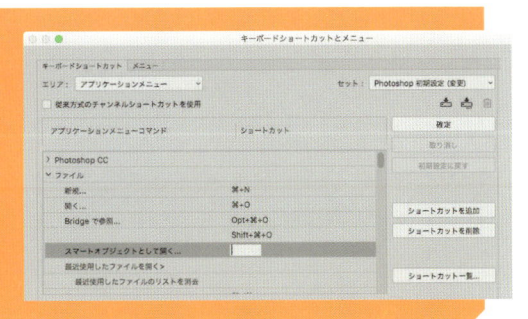

フィルターの適用を様子を見ながら調整したい

↓

スマートオブジェクトにしてから
フィルターを適用する

現在のPhotoshopには、各種フィルターを何度でも調整し直すことができる「スマートオブジェクト」という機能が用意されています。このスマートオブジェクトにフィルターを実行すると、フィルターによる効果を調整レイヤーのように扱えるようになるので、簡単にフィルター効果を排除したり、フィルター機能を再度呼び出してパラメータを変更して調整し直すといったことができます。元画像に変更を加えることなく画像を編集できるので、試行錯誤しながら作業していくうえで非常に便利です。

スマートオブジェクトへの変換とスマートフィルターの適用

1 レイヤーのスマートオブジェクトへ変換するには次のように操作します。目的のレイヤーを選択して[フィルター]メニュー→[スマートフィルター用に変換]を選択するか❶、またはレイヤーパネルで目的のレイヤーを Control ＋クリック（右クリック）して❷表示されるコンテキストメニューから[スマートオブジェクトに変換]を選択します❸。どちらでも構いません。

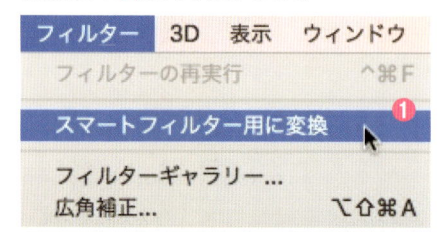

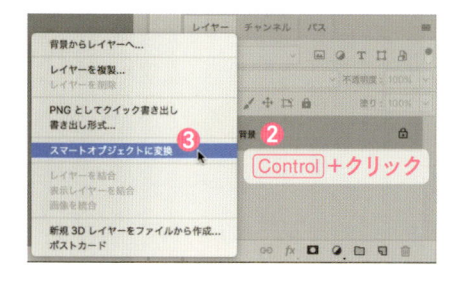

2 背景をスマートオブジェクトに変換するとレイヤーになります。またスマートオブジェクトレイヤーはサムネールの右下にスマートオブジェクトを示すアイコンが追加されます。

3 スマートオブジェクトにフィルターを実行すると、図のように「スマートフィルター」としてフィルターが表示され、フィルター名をダブルクリックするとそのフィルターのダイアログボックスが再表示されて調整をやり直すことができます。

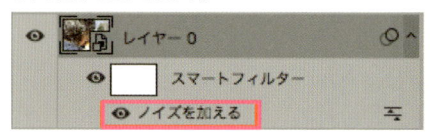

4 フィルターの効果を破棄したくなったら、[スマートフィルター]をレイヤーパネルのゴミ箱アイコンにドラッグ&ドロップするだけです。元画像には変更を加えていないので画質が劣化することもありません。

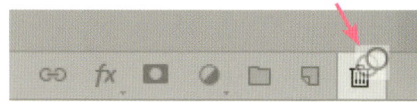

マスクを使ってフィルター実行後に効果の範囲が調整できる

ふつう画像の一部だけにフィルター効果を加えたいときは事前に選択範囲を作成する必要がありますが、スマートオブジェクトにフィルターを加えた場合は、後からマスクを使って効果を加える範囲を変更することができます。マスクは濃淡によって、フィルター効果の強度を調整することもできます。細かい選択範囲を先に作るのが苦手な場合にいいでしょう。

1 レイヤーパネルの［スマートフィルターマスクサムネール］がアクティブになっていれば、ブラシツールなどを使用してフィルターにマスクを作ることができます。

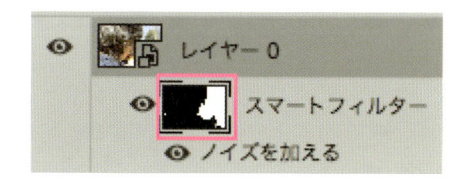

2 ［スマートフィルターマスクサムネール］がアクティブな状態で属性パネルを表示すると、マスクの濃度やぼけ具合の調整などが簡単に行なえます。

3 スマートフィルターのマスクに対しても色調補正コマンドを実行することもできます。マスクのサムネールをクリックしてから、［イメージ］メニュー→［色調補正］からコマンドを選択します（調整レイヤーは使えません）。ここではトーンカーブでマスクを少し薄くしてみました。

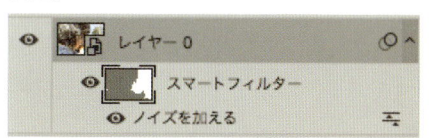

(Point)

残念ながらスマートオブジェクトには実行できないフィルターもいくつかあります。実行できないフィルターはメニューがグレーアウトして選択できません。その場合は通常レイヤーのままで、複製して試してみる、あるいはスナップショット機能を利用して直前までの工程を記録しておくなどの対策をとりましょう。

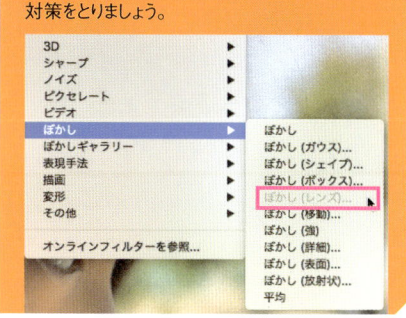

厳密な選択範囲をすばやく作成するには

[クイックマスクモードや[選択とマスク]を活用する]

自由自在にマスクが作れるクイックマスクモード

選択範囲を作成する場合、人工物のようにエッジがシャープで、選択したい部分とその他の部分との境界がはっきりしていれば［クイック選択ツール］などの選択ツールで簡単に選択することができますが、そう簡単にはいかない場合が多々あります。そんなときに便利なのが「クイックマスクモード」です。

クイックマスクモードでは、選択ツールだけではなくブラシツールなどの描画ツールを使用して絵を描いていくかのようにマスクを作っていくことができるので、自由な形状の選択範囲を作り出していくことが可能になります。

1 クイックマスクモードに入るには、ツールパネルの［画像描画モード／クイックマスクモードで編集］切り替えのアイコンをクリックします。図のように暗く表示されます。

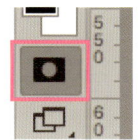

2 レイヤーパネルではアクティブになっている背景あるいはレイヤーが赤くハイライト表示されます。

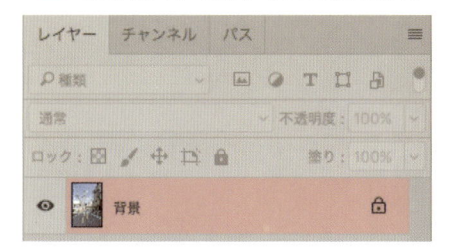

3 クイックマスクモードでは、ブラシツールを使用して選択したい範囲を塗りつぶしていきます。図のように[不透明度]や[直径]の変化などもつけられるので、濃淡やぼかしのある選択範囲を作ることができます。

さまざまなメニューコマンドも使用可能

クイックマスクモードで描いたマスクに対しては各種メニューコマンドが実行可能です。フィルターも使えるので、描いてしまってからでもぼけ具合や濃度の変更といったことが自在に行なえます。

このように、クイックマスクにぼかしフィルターなどを実行することもできます。

[選択とマスク]で細部を調整

髪の毛のような細かく入り組んでいて選択ツールでの選択が難しい箇所には、[選択とマスク]コマンドが便利です。選択とマスクワークスペースにある[境界線調整ブラシツール]を使用すると、髪の毛が風になびいているような複雑な形状になっている場合の境界をPhotoshopが自動的に判断してマスクしてくれるので、かなり作業効率があがります。多少の修正は必要になることがありますが、それでも使わない手はないでしょう。

> 1 選択ツールでざっくりと選択してから、[選択とマスク]コマンドを実行します。[境界線調整ブラシ]❶とパラメータ❷を調整してくことで、図のような髪の毛部分もほとんど手間をかけることなく選択することができます。

2　[選択とマスク]で調整を完了したあとに、クイックマスクモードでブラシツールを使って細かい部分を修正していけばより精度の高い選択範囲にすることができます。

[選択範囲を保存／読み込み]で選択範囲を活用する

何度か使う可能性がある選択範囲は保存しておき、必要に応じて読み込んで再利用すると同じ選択範囲を作り直す必要がなく効率的です。作成した選択範囲は［選択範囲を保存］［選択範囲を読み込む］で保存と読み込みができます。
もう使わないと思っても、レタッチの完了時に削除すればいいだけですので、一度作成した選択範囲は保存する癖をつけておくといいでしょう。

1　選択範囲を作成した状態で［選択範囲を保存］で保存できます。保存した選択範囲を呼び出すには[選択範囲を読み込む]で、保存した選択範囲の名前を指定します。

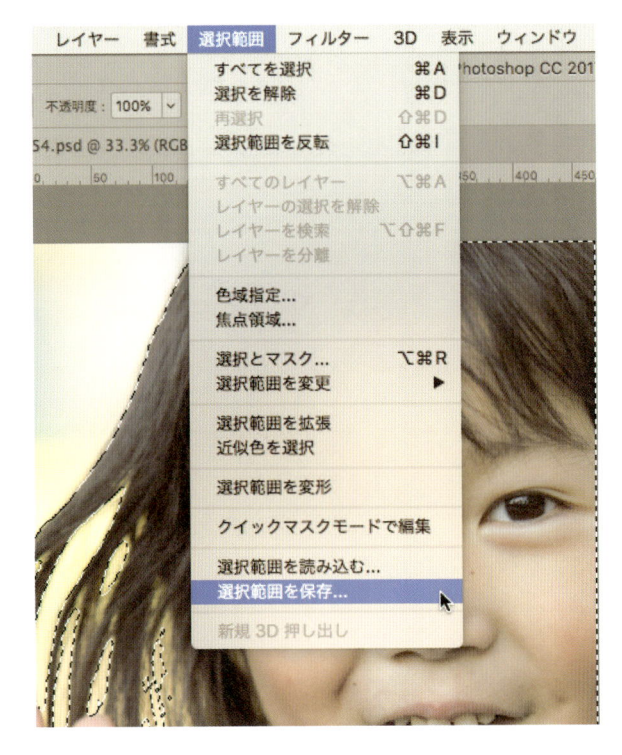

2 保存時にはわかりやすい名前をつけておきましょう。

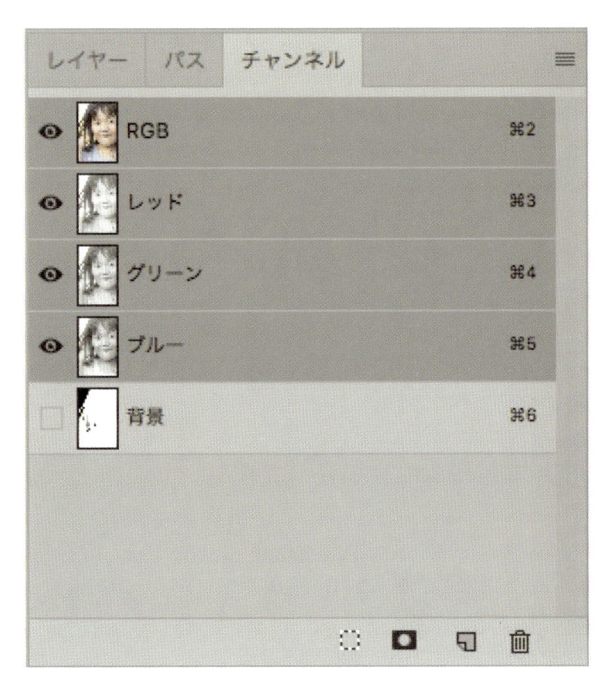

3 保存した選択範囲は、アルファチャンネルとしてチャンネルパネルで確認することができます。このチャンネルの目のアイコンをクリックして表示させ、アクティブにすることで編集することもできます。「元の選択範囲の一部だけを使いたい」というときにはこのアルファチャンネルを複製した別のアルファチャンネルを編集するという使い方もできます。

あると便利なペンタブレット

Photoshopで作業する際にあると便利なツールがペンタブレットです。マウスの代わりにペンを使って描画できるので、複雑な曲線も容易に描くことができます。また、筆圧によってブラシの濃度を変化させたり、直径を変化させたりできるので、マウスでは難しい複雑なマスクも作りやすくなります。もちろんレタッチ作業のとき以外にも便利に使えます。

さまざまな製品ラインナップがありますが、機能に応じて価格も変わってきます。描画にも使うなら本格的なプロユースの製品を導入するのもいいですが、現在はエントリーモデルでもフォトレタッチには十分な性能を備えています。

タブレットを接続していると、ブラシの不透明度、サイズに筆圧を利用することができるようになります。

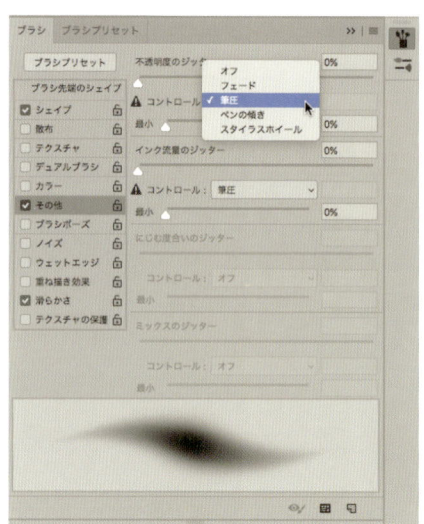

ペンタブレットメーカー大手のワコムではエントリーモデルからプロユースまで多数の製品が揃っていますが、最初に選ぶのはエントリーモデルでも構わないでしょう。写真はエントリーモデルのなかでも写真加工用にラインナップされている製品の「Intuos Photo」。

ブラシのプリセットでもタブレット使用時に効果が得られる［筆圧］、［ペンの傾き］などが利用できるので、マウスだけでの作業に比べて表情豊かなブラシを作り出せます。

2

基本その１〜

欠点を
修正する

Part 2

目立つほくろを消すには

[新規レイヤーでコピースタンプツールが効率的]

ほくろは自然なものなので気にすることはないのですが、写真を広告などで使用する場合には目立ってしまって邪魔だと感じることもあるでしょう。そのような場合には［コピースタンプツール］で消してしまうことができます。

Before

1　頬と鼻筋にあるほくろを消してしまうことにします。まずはほくろの位置がよくわかるように画像を拡大しましょう。ツールパネルから［ズームツール］（虫眼鏡のアイコン）を選択します。カーソルを画像の拡大したい箇所に移動して、クリックします。ここでは頬と鼻筋のほくろの中間あたりをクリックして両方のほくろが一度に作業できるように拡大しています。

［ズームツール］

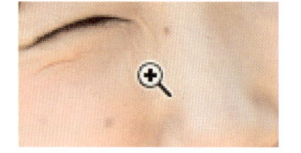

2　ツールパネルから［コピースタンプツール］を選択します。［パターンスタンプツール］と間違えないように気をつけましょう。

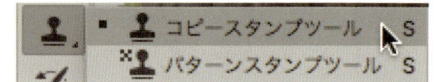

3　レイヤーパネルの［新規レイヤーを作成］をクリックしてレイヤーを作成します。レイヤー上に修正を施していくことで「背景」画像に手を加えずにすむので、失敗してもレイヤー上を消すだけで簡単にやり直すことができます。

4 オプションバーの［サンプル］を［すべてのレイヤー］に設定します。これで背景画像からスタンプするためのサンプリングが行なえるようになります。

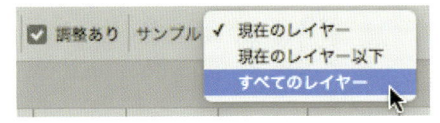

6 ブラシのサイズが決まったら Option キーを押しながらマウスボタンをクリックしてサンプリングを行ないます。サンプリングした箇所がスタンプされるので、消したい部分のできるだけ近くをサンプリングすることで違和感のないスタンプが行なえます。

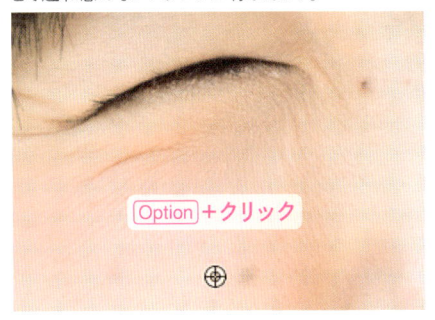

8 レイヤーパネルの［レイヤーの表示／非表示］をクリックするとスタンプした箇所を消したり表示したりすることができるので、仕上がり具合を確認することができます。うまくなじんでいないと思ったときには［消しゴムツール］で修正個所を消し、やり直すといいでしょう。

5 カーソルを頬のほくろの横に移動して、ブラシのサイズを設定します。ほくろよりもカーソルのサイズが少し大きくなるようにサイズを決めます。

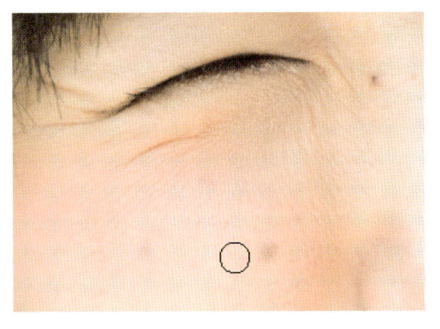

7 ほくろの上にカーソルを移動してクリックします。きれいに消すことができたら鼻筋のほくろにブラシサイズを合わせて同様に消します。

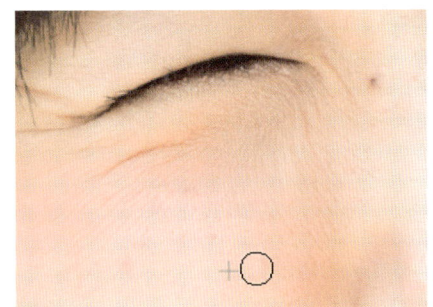

After

歯をより白くするには

↓

[クイックマスクモードで選択し[特定色域の選択]と
[明るさ・コントラスト]の調整レイヤーで補正]

歯は象牙質なので真っ白ではないですが、白いほうが印象がよくなります。ひとつずつの細かい選択範囲は、選択ツールよりクイックマスクモードを利用したほうが簡単でしょう。色と明るさの補正はそれぞれ調整レイヤーで行います。

Before

1 まず[ズームツール]❶で歯の部分を数回クリックして拡大します。ジャギーが目立つと作業しづらくなるので、200%を限度にするといいでしょう。ツールパネルの[クイックマスクモードで編集]❷をクリックしてクイックマスクモードに入ります。

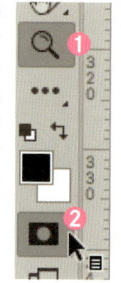

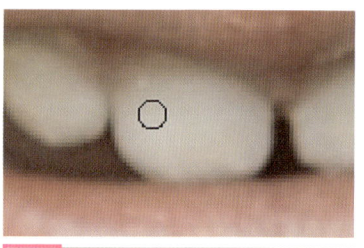

2 ツールパネルで[ブラシツール]を選択します。オプションバーのブラシプリセットピッカーを開き❶、[直径]❷と[硬さ]❸を調節します。カーソルを歯の上に移動して、図のような比率になる[直径](ここでは7px)にします。適度なぼけがほしいので[硬さ]は60%程度にします。

[ブラシツール]

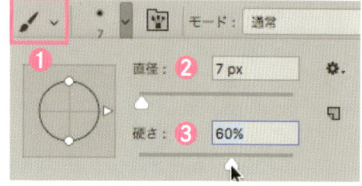

3 歯をひとつずつ塗りつぶしていきます。輪郭を縁取ってから中を塗りつぶしていくといいでしょう。ペンタブレットが使えると格段にラクにできます。

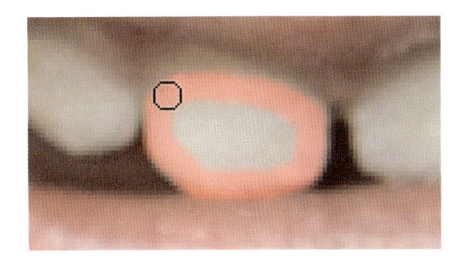

4 細かい箇所はブラシサイズを適宜小さくして作業するようにしましょう。画像のような三角の頂点部分などは後で修正できるので、多少はみ出すくらいに塗りつぶしておきます。

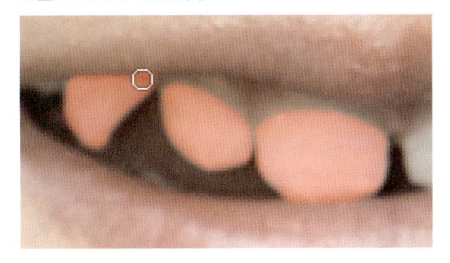

5 すべての歯を塗りつぶしたら、⌘+Iキーで[階調の反転]を実行します。塗ったところと塗っていないところが反転して、はみ出した箇所がわかるので逆にそこを塗りつぶします。

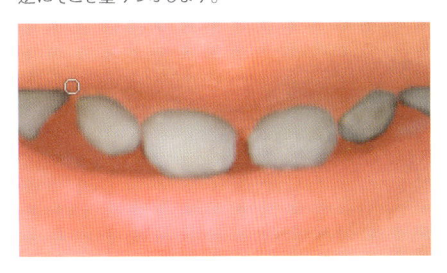

6 塗りつぶし作業が完了したらツールパネルの[画像編集モードで編集]をクリックしてクイックマスクを選択範囲に変換します。すると歯の部分だけが選択された選択範囲が現れます。

 [画像編集モードで編集]

[特定色域の選択]調整レイヤーで黄味をとる

1 レイヤーパネルの[塗りつぶしまたは調整レイヤーを新規作成]❶をクリックし、[特定色域の選択]❷を選択します。選択範囲がレイヤーマスクになった[特定色域の選択]調整レイヤーが作成されます。

2 属性パネルの[カラー]プルダウンメニューで[白色系]を選択し❶、[イエロー]のスライダーをマイナス(左)側に操作して歯がより白く見えるようにしていきます❷。やり過ぎると青くなってしまうので注意しましょう。

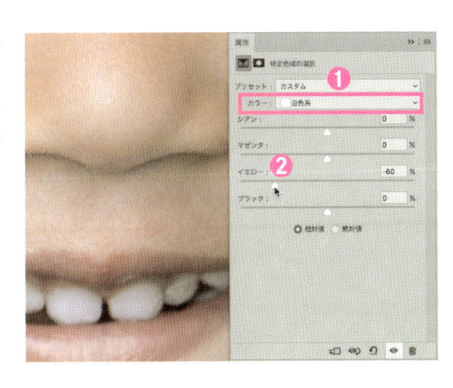

[明るさ・コントラスト]調整レイヤーで明るく

1 最後に歯の色を明るくして白さを際立たせます。レイヤーパネルの「特定色域の選択1」レイヤーにあるレイヤーマスクサムネールを⌘キーを押しながらクリックします。こうすることで歯の部分の選択範囲が再度作成されます。

2 レイヤーパネルの[塗りつぶしまたは調整レイヤーを新規作成]をクリックし❶、[明るさ・コントラスト]調整レイヤーを作成します❷。

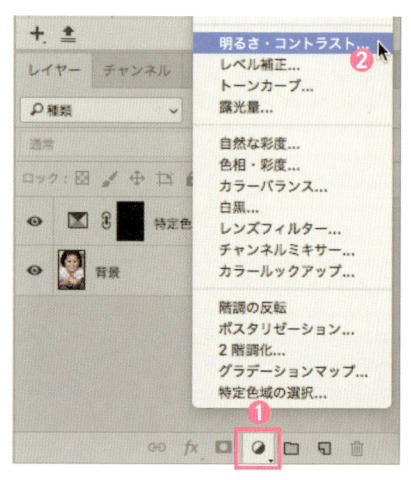

3 属性パネルの[明るさ]のスライダーをプラス(右)側に操作して明るくします。やり過ぎると歯だけに強い光が当たっているみたいに不自然になるので、画像の状態を見ながら操作するといいでしょう。

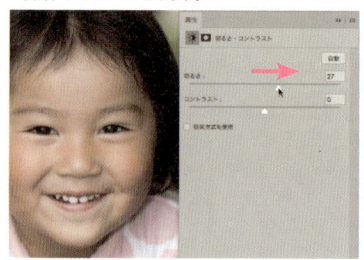

4 最後に⌘+0キーで[画面サイズに合わせる]を実行して写真全体を表示します。こうすることで全体の中での色や明るさがわかるようになり、レタッチしすぎることがなくなります。歯だけが白すぎたり明るすぎたりする場合は2つの調整レイヤーを選択して、属性パネルで設定した値の大きさを調整します。

After

Tip 06

白目の充血を除いて白くするには

↓

コピースタンプツールで補正し、クイックマスク+[特定色域の選択]で白くする

充血を消すには［コピースタンプツール］を使います。周囲の色の反射で白く見えないときには、クイックマスクモードで選択範囲を作ってから［特定色域の選択］調整レイヤーで白くします。

Before

1 作業をしやすくするために［ズームツール］で目の部分を数回クリックして拡大します。レイヤーパネルの［新規レイヤーを作成］をクリックして、このレイヤーに白目部分に浮いて見える血管を消していくための修正を行なっていきます。

［新規レイヤーを作成］

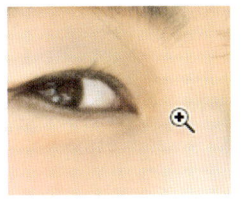

2 ツールパネルで［コピースタンプツール］を選択し、オプションバーの［サンプル］を［すべてのレイヤー］に設定します。白目部分にカーソルを移動し、消したい充血部分に合うようにブラシプリセットピッカーでサイズを調節します。

［コピースタンプツール］

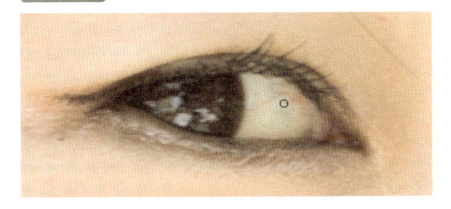

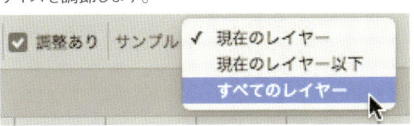

3 修正個所に近いところで白い場所を Option キーを押しながらマウスをクリックして、サンプリングを行ないます。

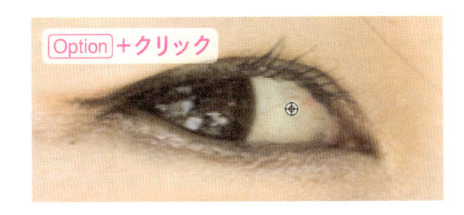

Option + クリック

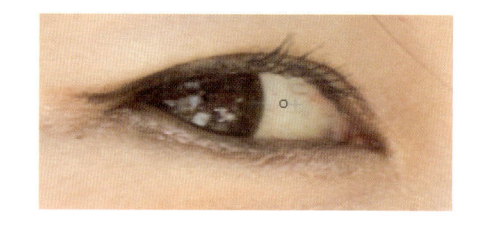

4 　充血部分の上にカーソルを移動してクリックし、充血部分を消していきます。写真のように細かく場所によって明るさが違うので、その都度消す場所の近くでサンプリングを行ないながら消していくのがきれいな修正を行なうためのコツです。

クイックマスクの作成

1 　両目の充血を修正できたら、白目部分の選択範囲を作成するためにツールパネルの［クイックマスクモードで編集］をクリックしてクイックマスクモードに入ります。

[クイックマスクモードで編集]

2 　ツールパネルで［ブラシツール］を選択し、オプションバーでブラシサイズを調整します。まぶたとの境界などの細かい部分も塗りやすいよう［直径］は5pxとしました。また若干周囲がぼけるように［硬さ］を60%にしています。

[ブラシツール]

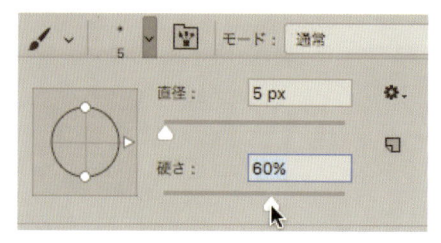

3 　白目の輪郭部分を囲んでから内部を塗りつぶしていきます。はみ出した場合は［消しゴムツール］を使用するよりもショートカットキーの⊠でツールパネルの［描画色と背景色を入替え］を実行して、描画色を白にして塗ったほうがツールごとのブラシのサイズなどを統一しておく手間が省けてラクです。

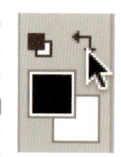

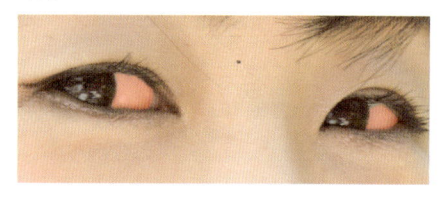

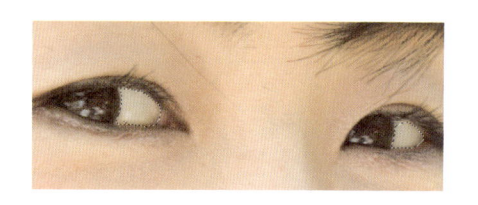

4 　白目部分を塗りつぶしたら⌘＋Ｉキーで［階調の反転］を実行します。塗ったところと塗っていないところが反転するので、塗り残しやはみ出しなどがあれば修正します。塗りつぶし作業が完了したらツールパネルの［画像編集モードで編集］をクリックしてクイックマスクを選択範囲に変換します。

[画像編集モードで編集]

［特定色域の選択］で白く

1 　レイヤーパネルの［塗りつぶしまたは調整レイヤーを新規作成］❶をクリックし、［特定色域の選択］❷調整レイヤーを作成します。選択範囲がレイヤーマスクになった「特定色域の選択1」レイヤーが作成されます。

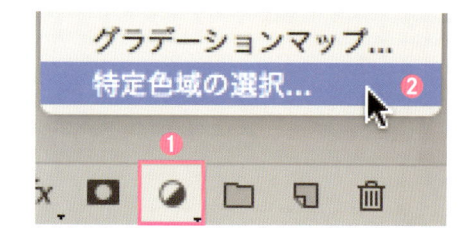

2 属性パネルの［カラー］プルダウンメニューで［白色系］を選択し❶、［イエロー］のスライダーをマイナス側（左）に操作して白く見えるようにしていきます❷。同様に［中間色系］と［ブラック系］も操作して白く見えるようにします。画像を確認しながらやり過ぎにならないように何度か調整するといいでしょう。

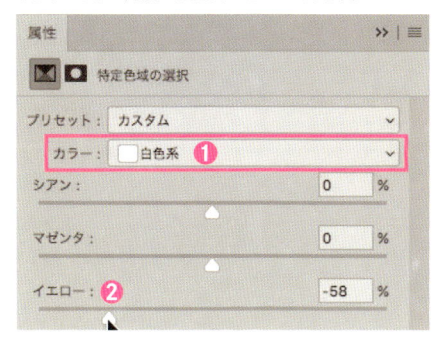

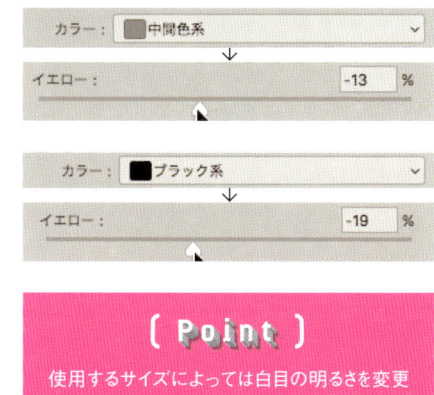

[Point]

使用するサイズによっては白目の明るさを変更するだけでも十分印象が変わる場合もあるので、どのくらいの完成サイズで使うのかを最初に確認するといいでしょう。

［明るさ・コントラスト］で明るく

1 最後に白目部分を明るくして白さを際立たせます。まず⌘＋0キーで［画面サイズに合わせる］を実行して全体が表示されるようにしましょう。レイヤーパネルの「特定色域の選択1」レイヤーにあるレイヤーマスクサムネールを⌘キーを押しながらクリックします。白目の部分の選択範囲が再度作成されます。

2 レイヤーパネルの［塗りつぶしまたは調整レイヤーを新規作成］をクリックし、［明るさ・コントラスト］調整レイヤーを作成します。属性パネルの［明るさ］のスライダーをプラス（右）側に操作して明るくします。やり過ぎると不自然になるので、画像の状態を見ながら調整します。

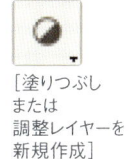

［塗りつぶしまたは調整レイヤーを新規作成］

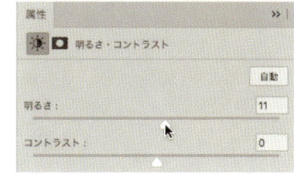

After

Tip 07

髪の毛のはねなどを消して整えるには

コピースタンプツールできれいに消していく

いい表情、いいアングルなど、これだと思う写真になっているのに、わずかな髪の毛の乱れが気になる。そんなときは消し去ってしまいましょう。

Before

1 頬に髪の毛が1本かかってしまっているので、これを消していきます。まず、レイヤーパネルの［新規レイヤーを作成］をクリックして新規レイヤーを作成しここに修正を加えていきます。

 ［新規レイヤーを作成］

2 ツールパネルで［コピースタンプツール］を選択します。オプションバーの［調整あり］がチェックされていて、［サンプル］が［すべてのレイヤー］になっていることを確認します。

 ［コピースタンプツール］

3 ［表示］メニュー→［200%］で大きめに拡大します。[Spacebar]を押すと一時的に［手のひらツール］が呼び出せ、ドラッグして表示位置を移動することができます。

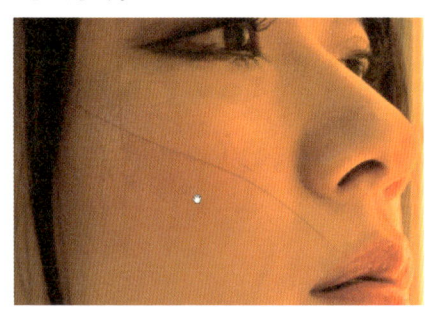

4 レタッチする髪の毛の上にカーソルを置き、ブラシの［直径］を調整します。できるだけ他の部分には影響を与えないサイズにします（ここでは9px）。周囲と自然になじむように［硬さ］は0%としました。

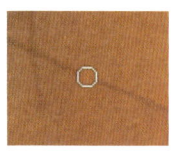

5 消去していく髪の毛にできるだけ近いところで[Option]キーを押しながらマウスをクリックし、サンプリングを行ないます。離れたところでサンプリングすると明るさやディテールが違い、スタンプしたときに違和感が出るので気をつけましょう。

7 サンプリングする場所を変えながらその他の消したい髪の毛もレタッチしていきます。そのときもサンプリングする位置は消したい髪の毛にできるだけ近い場所で行なうように注意しましょう。

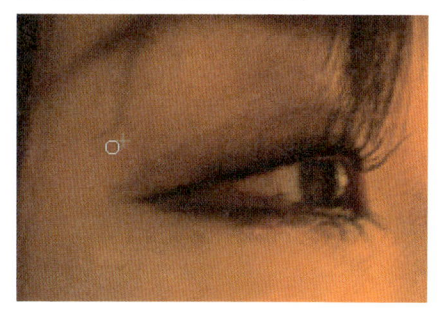

8 余分な髪の毛を消し終わったら、必要に応じて[レイヤー]メニュー→[画像を統合]で「レイヤー1」と「背景」を統合して完成です。

6 髪の毛の上をなぞるようにマウスをドラッグしていき、消去します。一度で長い距離をドラッグするのは難しいので、何度かに分けて作業するといいでしょう。

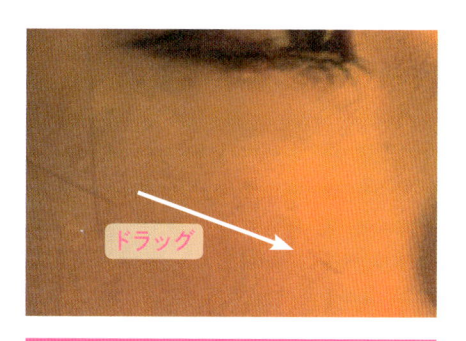

[Point]

あまり長い距離をドラッグすると途中でディテールや明るさがずれてしまって違和感が出ることがあります。その場合は短めにドラッグして再度サンプリングを行なうようにしましょう。

After

唇の色を健康的にするには

↓

[カラーバランス]の調整レイヤーを重ね、ブラシでマスクを抜く

肌との境界を自然になじませるように、先に［カラーバランス］調整レイヤーを重ねてから、ブラシでマスクを編集して唇だけに効果を適用していきます。全体の色のバランスを見ながら数値を再調整しましょう。

Before

2 全体に効果が出ないように調整レイヤーのマスクを黒く塗りつぶしておきます。[Shift]＋[F5]キーで［塗りつぶし］を実行します。［内容］は［ブラック］❶、［合成］の［描画モード］は［通常］❷、[不透明度]は100%❸で［OK］します。

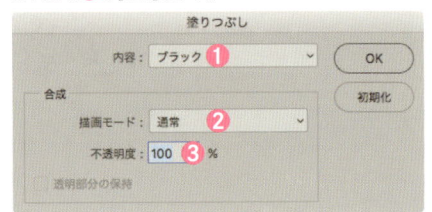

1 レイヤーパネルの［塗りつぶしまたは新規調整レイヤーを作成］から［カラーバランス］を選択して「カラーバランス1」調整レイヤーを作成します。

［塗りつぶしまたは調整レイヤーを新規作成］

3 ［カラーバランス］レイヤーのレイヤーマスクが黒く塗りつぶされます。

4 レイヤーマスクを編集して唇だけに色をつけていきます。わかりやすくするため、とりあえず調整レイヤーに適当な色をつけてしまいます。属性パネルで［シアン－レッド］のスライダーをドラッグして＋50（レッド側）にしました。

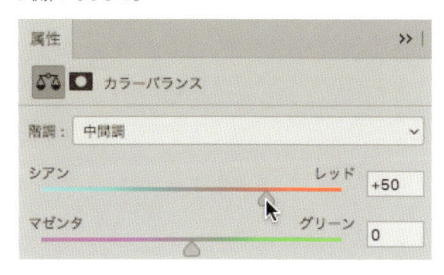

5 作業しやすくするために唇を拡大表示し、ツールパネルで［ブラシツール］を選択します。唇からはみ出さない程度の［直径］（ここでは40px）に設定し、［硬さ］を0%にして柔らかくぼけるようにします。

 ［ブラシツール］

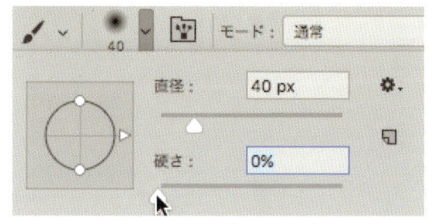

6 ツールパネルの［描画色と背景色を初期設定に戻す］をクリックして描画色を白にします。これでブラシツールを使って唇部分を塗っていくと、その部分だけマスクが白くなって調整レイヤーの効果が現れ、唇の色が変わっていきます。境界部分はブラシの［直径］を小さくして塗りましょう。

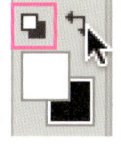

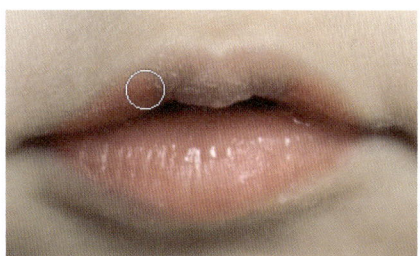

7 ⌘＋0キーで画像全体を表示し、属性パネルで自然で健康的な色になるようにカラーバランスを調整しなおします。色をつけすぎると口紅を塗ったかのようになってしまうので注意しましょう。

After

肌を滑らかにするには

[Camera Rawフィルターの[明瞭度]を適用する]

強い直射光のもとでは、肌のディティールが目立ってしまうことがあります。そんなときには Camera Raw フィルターの ［明瞭度］ が効果的です。

Before

2 「背景のコピー」レイヤーを Control ＋クリック（右クリック）して表示される[スマートオブジェクトに変換]を実行します。サムネールの右下に図のようなアイコンが追加されます

3 滑らかにしたい肌の部分を選択するため、ツールパネルの[クイック選択ツール]を選択し、目から下の頬からあごが選択されるようにカーソルをドラッグして選択範囲を作ります。

[クイック選択ツール]

背景のコピーをスマートオブジェクトにしてマスクする

1 レイヤーパネルで「背景」を［新規レイヤーを作成］アイコンにドラッグして複製し❶、「背景のコピー」レイヤーに操作をしていきます❷。

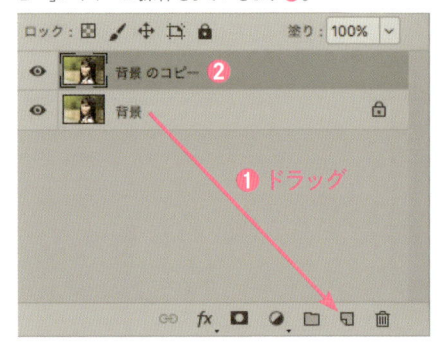

4 選択範囲を微調整するために ツールパネルの[クイックマスクモードで編集]を選択します❶。描画色は白にして❷、ツールパネルから[ブラシツール]を選択し、[直径]は大きめ(ここでは80px)に設定し、柔らかくぼかすために[硬さ]は0%にしてブラシをかけます。頬と髪の毛の境界部分を滑らかにぼかしたら、ツールパネルの[画像描画モードで編集]をクリックして選択範囲に戻します。

[ブラシツール]

Camera Rawフィルターで[明瞭度]を下げる

1 [フィルター]メニュー→[Camera Rawフィルター]を選択します(ショートカットキーは⌘+Shift+A)。図のようなCamera Rawワークスペースが開きます。ズームツールで顔がプレビューエリアからはみ出さないように⌘+1キーで100%表示にします。

3 効果が強すぎると思った場合は、レイヤーパネルで「背景のコピー」の[不透明度]を下げることで効果を調整することができます。

2 右の[基本補正]タブの中の[明瞭度]のスライダーをマイナス(左)側にすると肌が滑らかになっていくのがわかります❶。ここではやり過ぎかと思うくらい滑らかにしてしまって構いません。[OK]❷をクリックしてフィルターを実行します。

After

目の下の隈を消すには

↓

[スポット修復ブラシツールで自動補正、
コピースタンプツールで手動補正]

目の下の隈や、一般に涙袋といわれる部分が発達していて影が強く出てしまっている場合に目立たないようにできます。[スポット修復ブラシツール]はサンプリングの手間がないので便利ですが、Photoshopがブラシをかけた部分の周囲の色合いを自動的に判断してレタッチするので望んだ結果にならないこともあります。その場合は[コピースタンプツール]を使いましょう。

Before

スポット修復ブラシツールで自動修正

1 レイヤーパネルの[新規レイヤーを作成]ボタンをクリックしてレイヤーを作成し、そこに修正を加えていきます。

 [新規レイヤーを作成]

2 ツールパネルで[スポット修復ブラシツール]を選択し、オプションバーの[種類]は[コンテンツに応じる]❶で[全レイヤーを対象]❷をチェックします。

 [スポット修復ブラシツール]

3 目立たなくしたい隈や影の近くに合わせてブラシの[直径]❶と[硬さ]❷を設定します。ブラシでレタッチしたい部分をなぞります。

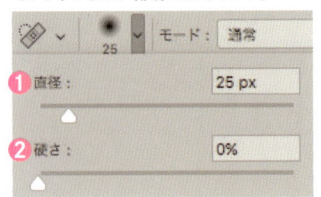

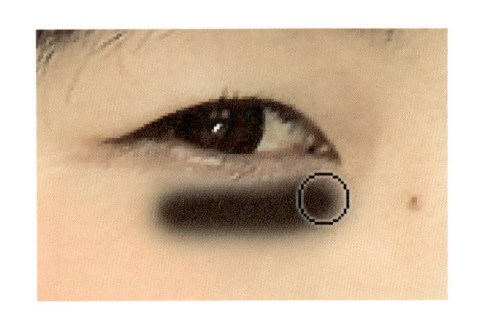

4 きれいに消してしまうと平板な印象になることもあるので、その場合はレイヤーパネルで「レイヤー1」の[不透明度]を下げて若干影を残すようにします。

コピースタンプツールを使う

1 レイヤーパネルの[新規レイヤーを作成]ボタンをクリックしてレイヤーを作成し、そこに修正を加えていきます。ツールパネルから[コピースタンプツール]を選択し、オプションバーの[サンプル]を[すべてのレイヤー]に変更します。

[新規レイヤーを作成]

[コピースタンプツール]

2 目立たなくしたい影や隈の近くにカーソルを移動し、ブラシのサイズが影を十分隠すサイズに調整します。ここでは25ピクセルにし、周囲と自然になじむように[硬さ]を0%にしています。

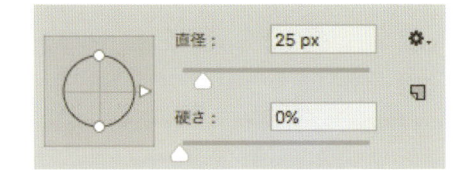

3 目立たなくしたい影や隈の近くにカーソルを移動し、[Option]キーを押しながらクリックしてサンプリングを行ないます❶。影や隈の上にブラシをかけて消します❷。同様の作業をもう一方の眼の下でも行ないます。

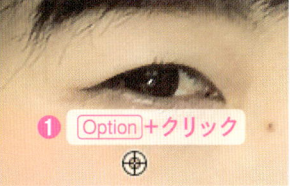

❶ [Option]+クリック

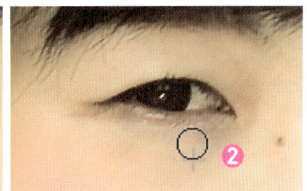

❷

4 効果を調整したければ、やはりレイヤーパネルでレタッチを加えている「レイヤー1」の[不透明度]を下げて若干影を残すようにします。

[Point]

[修復ブラシツール]を使っても同じ手順できます。最大の違いは、[コピースタンプツール]はスタンプ時にブラシの[不透明度]が変えられ、より細かく状況に合わせてレタッチを行なえることです。

After

頬の赤味を取り除くには

↓

[クイックマスクで選択し、
[色相・彩度]調整レイヤーで色味を変化させる]

寒い中で遊んでいる子供などは頬が赤くなりがち。子供らしいのですが、状況によっては赤味を抑えたいときもあるでしょう。自然に頬の赤味を除去して色をなじませてみます。

Before

1 ツールパネルの[クイックマスクモードで編集]ボタンをクリックしてクイックマスクモードに入ります。

[クイックマスクモードで編集]

2 ツールパネルで[ブラシツール]を選択します。ブラシのサイズを頬の赤味に合わせて調整します。この場合は57pxにしました。周囲となじませるようにぼかしをつけるため、[硬さ]は0%とします。

[ブラシツール]

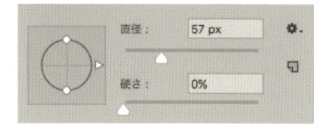

直径 57 px

硬さ 0%

3 除去したい赤味に合わせてブラシをかけて塗りつぶします。後の工程で修正するのではみ出しは気にしなくていいでしょう。

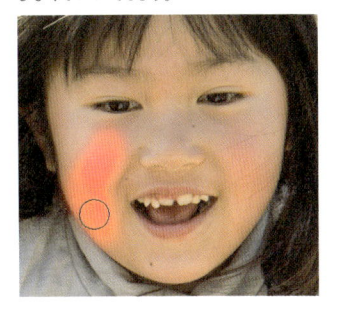

5 赤みの部分だけ選択ができたら、⌘＋Iキーで［階調の反転］を実行して、塗りつぶし範囲を反転させます。ツールパネルの［画像描画モードで編集］をクリックしてクイックマスクを選択範囲に変換します。

6 ツールパネルの［塗りつぶしまたは新規調整レイヤーを作成］をクリックし、［色相・彩度］選択して調整レイヤーを作成します。属性パネルの［色相］のスライダーを操作して赤味を除去します。通常は右側に操作することで赤味が薄れるので、画像を確認しながら数値を微調整します。スライダーでの微調整がやりにくい場合は数値を直接入力するといいでしょう。

 ［塗りつぶしまたは調整レイヤーを新規作成］

4 ツールパネルの［描画色と背景色を入れ替え］をクリックして（ショートカットキーは X ）描画色を白にします。はみ出している箇所にブラシをかけて消します。頬のきわぎりぎりを狙うのではなく、少し離れたところを何度か往復するようにするときれいに消せます。

 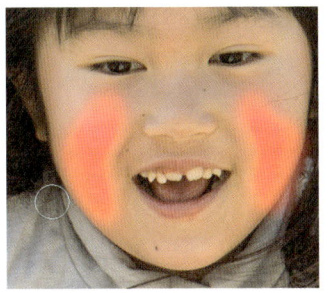

 ［画像編集モードで編集］

After

Tip
12

眉の形を整えるには

［ゆがみ］フィルターの前方ワープツールで修正する

眉の形の流行は時代によって変化します。また、うまくメイクで作れていない場合などに整えることも可能です。ここでは、ややカーブを描くように眉の形状を変えていきます。

Before

1 フィルターをかける前に［フィルター］メニュー→［スマートフィルター用に変換］で、画像をスマートオブジェクトに変換します。

フィルター	3D	表示	ウィンドウ
フィルターの再実行			⌃⌘F
スマートフィルター用に変換			

2 ［フィルター］メニュー→［ゆがみ］（ショートカットキーは⌘＋Shift＋X）を選択します。

フィルター	3D	表示	ウィンドウ
フィルターの再実行			⌃⌘F
スマートフィルター用に変換			
フィルターギャラリー...			
広角補正...			⌥⇧⌘A
Camera Raw フィルター...			⇧⌘A
レンズ補正...			⇧⌘R
ゆがみ...			⇧⌘X
Vanishing Point...			⌥⌘V

3 ゆがみワークスペースが開きます。ウィンドウ左のツール一覧から［ズームツール］❶を選択して、作業しやすいように100％表示にします。次にツール一覧から［マスクツール］❷を選択します。

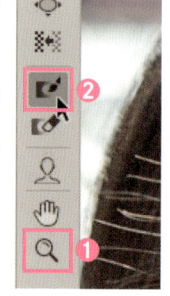

4 最初に影響を与えたくない部分をマスクしておきます。ブラシのサイズを右側の[ブラシツールオプション]で調整します。眉の形状を変えるだけなので、眼や髪の生え際などに影響が出ないようにマスクしましょう。

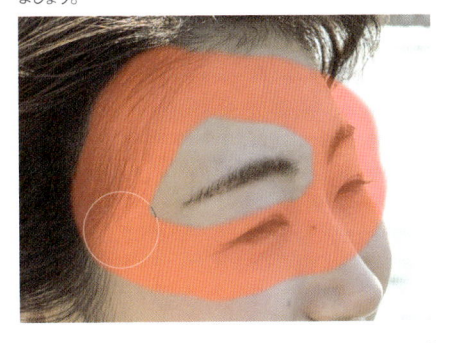

6 眉の端がカーソルの中心付近にくるあたりでブラシを下にドラッグして眉尻の形状を修正します。やり過ぎると不自然になるので注意が必要です。

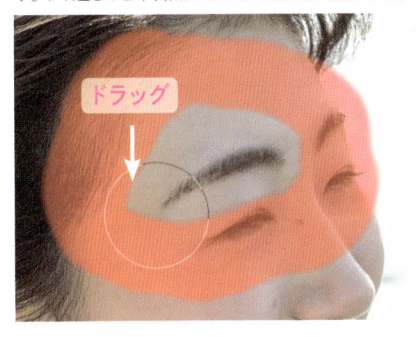

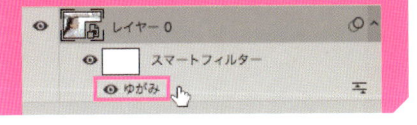

[Point]

全体を確認してやはり再調整したい場合は、レイヤーパネルの[スマートフィルター]にある[ゆがみ]をダブルクリックすれば[ゆがみ]ワークスペースが開き、何度でも調整できます。

5 ツール一覧から[前方ワープツール]を選択します。右側の[属性]で、ブラシツールのオプションを設定します。[サイズ]は大きめにして広範囲に影響を与えるようにしますが、[筆圧]は20〜30程度の低めに設定して、少しずつ効果を加えていけるようにするといいでしょう。

 ［前方ワープツール］

 ［再構築ツール］

7 変形させすぎたと思ったときには、ツール一覧の[再構築ツール]を使うと、加えた効果を元に戻すことができます。筆圧を低めに設定して使うようにしましょう。形状が整ったら、[OK]ボタンをクリックしてゆがみフィルターを実行します。

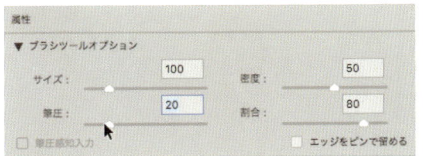

After

Tip

しわを目立たなくするには

［ パッチツールで顔のほかの部分の肌理となじませる ］

［パッチツール］は選択範囲内を画像の任意の部分に置き換えて周囲となじませることができるツールです。不要な箇所をきれいに消去したりすることができます。

Before

1　レイヤーパネルの「背景」を［新規レイヤーを作成］にドラッグして「背景のコピー」レイヤーを作成し、そこに修正を加えていきます。ツールパネルから［パッチツール］を選択します。

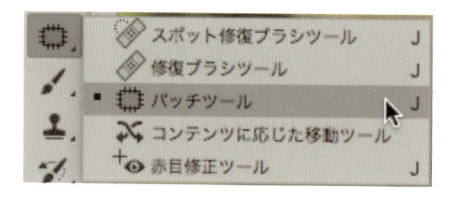

　［新規レイヤーを作成］

2　しわを目立たなくしたい範囲をマウスでドラッグして囲み、選択範囲を作成します。処理したい箇所が複数ある場合は一度にあまり広い範囲を選択せず、部分ごとに作業するようにしましょう。一度選択した範囲から一部を削除するには Option キーを、追加するには Shift キーを押しながらドラッグします。

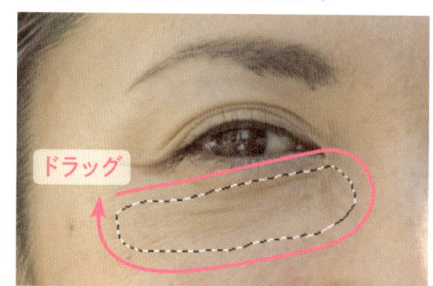

3 ［選択範囲］メニュー→［選択範囲を変更］→［境界をぼかす］を選び、選択範囲の境界をぼかします。ぼかしの数値は元画像のサイズによって変わるので、何度か効果を加えて境界部分が不自然にならない数値を探し出しましょう。境界をぼかさなくても自然になじむ場合は、この工程は不要です。

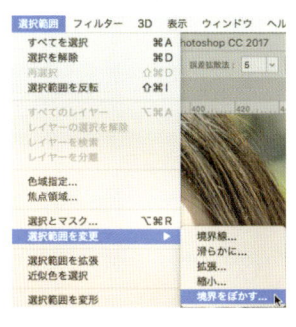

4 選択範囲のぼけ具合はツールパネルの［クイックマスクモードで編集］をクリックすると確認できます。確認したら同じ［画像描画モードで編集］をクリックして選択範囲に戻ります。

［クイックマスク
モードで編集］

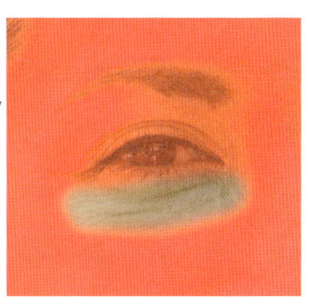

5 パッチツールで選択範囲の中にカーソルを置いてマウスボタンを押して、肌の滑らかな箇所に選択範囲をドラッグします。ここでは額に移動しました。自動的に額の滑らかなトーンが元の選択範囲になじむように合成され、しわを目立たなくできます。もう片方の目の下のしわにも、同様の工程を繰り返します。

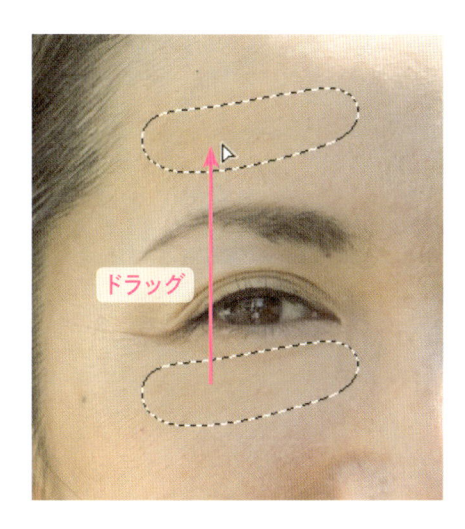

ドラッグ

After

デコルテをきれいにするには

［クイック選択ツールとクイックマスクモードで選択し、Camera Rawフィルターで仕上げる］

肌全体に共通することですが、明るさと肌の滑らかさを引き出してあげることでよりきれいな肌に仕上げられます。

Before

クイック選択ツールで選択

1 フィルターを使用するので、まずスマートオブジェクトにします。レイヤーパネルの「背景」を Control ＋クリック（右クリック）してコンテキストメニューを表示し、[スマートオブジェクトに変換]を選択します。

2 ツールパネルで[クイック選択ツール]を選択します。ブラシの[直径]をあまり大きくせず（ここでは70px）、若干のぼけ足をつけるために[硬さ]を90%に設定します。

［クイック選択ツール］

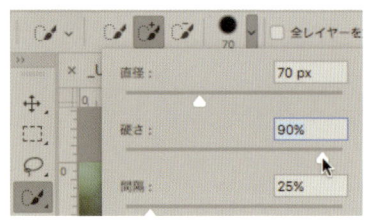

3 ドラッグして首から胸元にかけて選択していきます。

4 Option キーを押すとブラシアイコンの中に−（マイナス）が表示されるので、はみ出した部分をドラッグして除外していきます。

クイックマスクで細かく選択

1 [クイック選択ツール]で大まかに選択できたら、細かい部分を調整するためにクイックマスクモードを利用します。ツールパネルの[クイックマスクモードで編集]をクリックします。⌘＋[Spacebar]キーで一時的にズームツールを呼び出し、衣装の縁部分が作業しやすくなるように200%程度まで拡大します。

 [クイックマスクモードで編集]

2 ツールパネルで[ブラシツール]を選択します。塗りつぶしたい箇所（図の場合はフリル）に合うようにブラシの[直径]を設定します（ここでは30px）。ぼけ足はあまり必要ないので[硬さ]は85%としました。

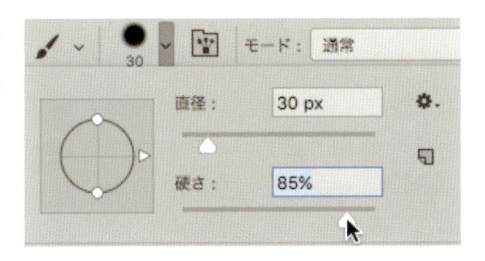

 [ブラシツール]

3 複数回に分けてクリックしながらフリルを塗りつぶしていきます。見えている範囲を塗りつぶしたら、手のひらツールで画像を移動して同じように塗りつぶします。より細かい箇所はブラシの[直径]を小さくして行ないます。

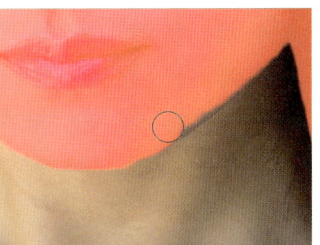

4 きれいに選択範囲ができたら、⌘＋[0]キーで画像全体を表示し、ツールパネルの[画像編集モードで編集]をクリックしてクイックマスクモードを抜けます。

 [画像編集モードで編集]

(Point)

フリルなどの複雑な形状の場合は、使用するサイズによってはいちいち中まで塗り分けする必要はありません。もちろん大きなサイズのポスターで使うなど細かいところまで判別できるなら、しっかり塗り分けが必要です。使用する媒体によってどこまで手を入れるかを考えて作業するのも時短テクニックのひとつです。

Camera Rawフィルターでレタッチする

1 [フィルター]メニュー→[Camera Raw フィルター]を選択します（ショートカットキーは⌘＋Shift＋A）。

2 Camera Rawワークスペースが表示されます。右側の[基本補正]タブの[明瞭度]を左に操作して肌のトーンを滑らかにします。

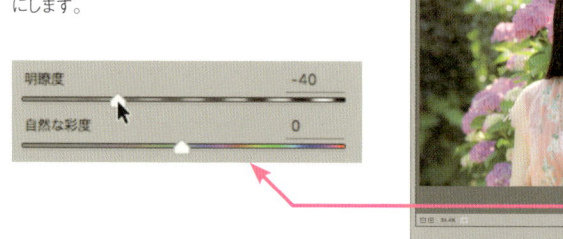

3 次に[コントラスト]を左に操作してコントラストを弱めます。

4 続いて[シャドウ]を右に操作して影の部分を明るくします。これで肌のトーンは滑らかになり、陰影を弱くすることができました。

After

Tip
15

肌の透明感を強調するには

↓

[[色域指定]で選択範囲を作成、
Camera Rawフィルターで[明瞭度]と[露光量]を調整]

明るい日差しの中で撮影すると、明るめに撮影したつもりでも明暗の差で肌がくすんだ感じになってしまうことがあります。透明感ある肌にレタッチしましょう。

Before

色域指定で肌の部分を選択

1 調子を加える肌の部分を選択します。[選択範囲]メニュー→[色域指定]を選択します。[色域選択]ダイアログボックスが表示されます。

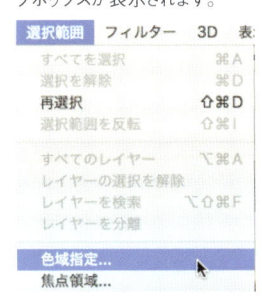

2 [スポイトツール] ❶ で画像の肌の部分をどこかクリックします。選択範囲が白黒でプレビューされます。[許容量] ❷ を上げていき、肌の色の部分だけが白く表示されるように調整します。さらに Shift キーを押しながら選択しきれていない肌の部分をクリックして追加していきます ❸。余計な部分は Option クリックで除外できます。多少肌以外も選択されてしまいますが後で修正しますので、大部分が選択できたら[OK]をクリックします。これで肌の大半が含まれた選択範囲が作成されます。

クイックマスクモードにしてブラシで修正

1 ツールパネルで［クイックマスクモードで編集］**❶** をクリックしてクイックマスクモードで表示します。描画色を白にして **❷**、ツールパネルで［ブラシツール］を選択します。ブラシの［直径］を適宜調整しながら、目や唇などの選択できていない箇所をブラシで白く塗りつぶしていきます。ブラシの［硬さ］は多少ぼける85％程度にしておくといいでしょう。

［ブラシツール］

2 細かい箇所は、画像を拡大表示して作業しましょう。髪の毛に関しては、ある程度まとまっているところ以外は気にせず、肌にかかっているなら選択範囲に入れてしまって大丈夫です。

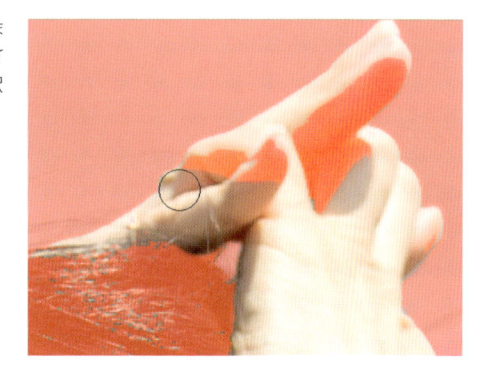

3 マスクする部分は ⓧ キーで描画色／背景色を反転させて、描画色を黒にして塗ります。衣装などの不要な箇所を塗りつぶしていき、マスクができたら、ツールパネルの［画像描画モードで編集］をクリックして選択範囲に戻します。

 ［画像編集モードで編集］

Camera Rawフィルターで調整

1 フィルターを使うので、まずスマートオブジェクトに変換します。レイヤーパネルの「背景」を[Control]＋クリック（右クリック）してコンテキストメニューを表示し、[スマートオブジェクトに変換]を選択します。

2 [⌘]＋[Shift]＋[A]キーで[Camera Rawフィルター]を実行します。[基本補正]タブの[明瞭度]のスライダーをマイナス（左）側に操作して、明暗を和らげます。−30〜−40程度に設定するといいでしょう。

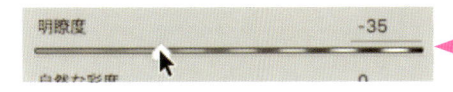

3 次に[露光量]をプラス（右）側に操作して少し明るくします。写真にもよりますが、やり過ぎると不自然になるので0.3〜0.5の間に設定するといいでしょう。設定が終わったら[OK]をクリックします。

4 もう少し明るくしてもいい感じですので、レイヤーパネルの[Camera Rawフィルター]部分をダブルクリックしてCamera Rawワークスペースを呼び出し、[露光量]を＋0.5に変更しました。スマートオブジェクトなら画質を劣化させることなく何度でもフィルターの設定を変更することが可能です。

After

肌の色を健康的にするには

↓

[[レンズフィルター]で暖色を加えて [特定色域の選択]で肌の青味をとる]

夕方の写真など、光の具合で人物の顔色があまりよくない状態になってしまうことがあります。周りの雰囲気はそのままで顔色だけを自然な状態にします。

Before

暖色の レンズフィルターを適用

1 レイヤーパネルの[塗りつぶしまたは調整レイヤーを新規作成]から[レンズフィルター]を選択し、調整レイヤーを作成します。

[塗りつぶしまたは調整レイヤーを新規作成]

レンズフィルター...
チャンネルミキサー...

2 属性パネルで色味を調整します。この場合は青味を除去したいので[フィルター暖色系]の中から適したものを選びます❶。効果を多めに加えておくと色味を検討しやすいので、一度[適用量]を多めに設定します。60〜70%程度にしてみるといいでしょう❷。

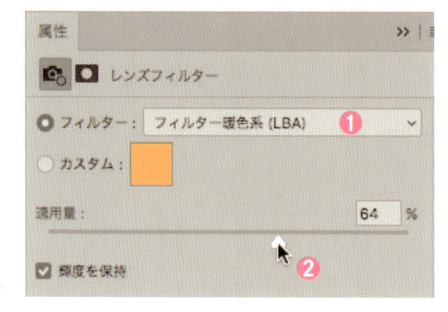

(Point)

[フィルター]プルダウンメニューをクリックするとフィルターの色調が選べるのでプレビューを見ながら使用するフィルターを選択します。暖色系は上3種になるので、それぞれ設定して自然な色になるものを選びましょう。

マスクで背景への効果を除外

1 背景まで色調が変わってしまったのでマスクを作成します。レイヤーマスクサムネールがアクティブなことを確認して、ツールパネルから[ブラシツール]を選択し、サイズを大きめ、[硬さ]は0%にしてエッジはぼかし、人物以外の部分を塗りつぶしてマスクしていきます。髪の毛などは多少塗っても気にならないのであまり慎重にならなくてもいいでしょう。

2 ⌘＋0キーを押して画像全体を表示します。レンズフィルターの効果が強すぎて人物が浮いていないか確認して、適用量を再調整します。ここでは40%まで減らしました。

[特定色域の選択]で青味をとる

1 さらに微調整を加えます。選択範囲を再利用するため、レイヤーパネルの「レンズフィルター1」にあるレイヤーマスクサムネールを⌘＋クリックして選択範囲を読み込みます。

2 レイヤーパネルの[塗りつぶしまたは調整レイヤーを新規作成]❶から[特定色域の選択]を選択すると❷、選択範囲がマスクになった調整レイヤーが作成されます。

3 属性パネルで[カラー]の[レッド系]❶を選び、シアンの成分を減らします❷。顔に残っているわずかな青味を減らして自然な状態にします。

After

指先をきれいに整えるには

[覆い焼きツールで影を薄くし、Camera Rawフィルターの[明瞭度]でしわを目立たなく]

アップ気味のポートレートで手が写っている場合、関節部分にどうしてもできてしまうしわが気になることがあります。完全に消してしまうと不自然ですが、気にならない程度にしわを目立たなくすることで受ける印象が変わってきます。

Before

覆い焼きツールで影を薄く

1 まず関節部分の影を弱めるため、ツールパネルから[覆い焼きツール]を選択します。オプションバーの[範囲]を[シャドウ]❶に設定して、影の濃い部分のみに影響するように設定します。少しずつ効果を加えるために[露光量]を10%程度に設定します❷。

[覆い焼きツール]

2 カーソルを間接の影の位置に移動して、ブラシをはみ出さないサイズに調整し（ここでは15px）、周囲との境界を滑らかにするために[硬さ]は0%にします。これで影の部分に何度もドラッグして薄くしていきます。中指、薬指、小指の影部分で行ないます。

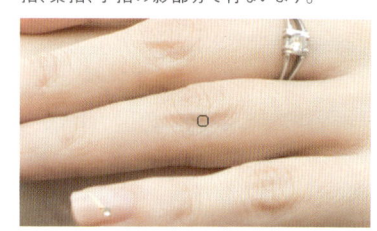

3 影の部分がある程度明るくなったら
ツールの効果がなくなるので、オプショ
ンバーの［範囲］を中間調に変更し、中指、薬
指、小指の薄くなってきた影部分に覆い焼きを
施して、より影を目立たないようにします。

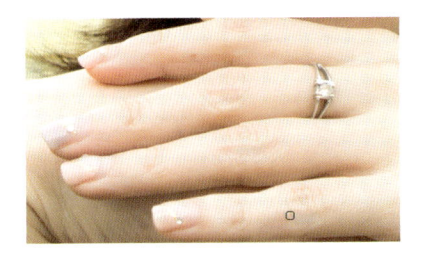

Camera Rawでしわを目立たなくする

1 フィルターを使いますので、レイヤーパ
ネルの「背景」を Control ＋クリック（右
クリック）してコンテキストメニューを表示し、［ス
マートオブジェクトに変換］を選択してスマートオ
ブジェクトにします。

2 ⌘ ＋ Shift ＋ A キーでCamera Rawワークスペースを表
示します。ツール一覧から［補正ブラシ］を選択します。

3 右側の［補正ブラシ］パラメータの［明
瞭度］のスライダーをどこに補正ブラシ
をかけたかが確認できるように、やや大きくマ
イナス（左）側に操作します❶。指の太さの半
分程度になるようにブラシのサイズを調整して
（ここでは4）❷、あまり周囲に影響がないように
［ぼかし］❸を50程度に設定します。

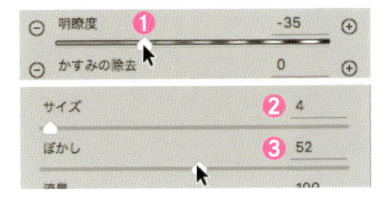

4 これで第一関節。第二関節ともに、気
になるしわがあるところにブラシをかけ
ると目立たなくなります。最後に［明瞭度］の値
を調整して、［OK］をクリックしてフィルターを適
用します。

After

Tip 18

目の開き具合を揃えるには

↓

[［ゆがみ］フィルターで簡単に調整]

一瞬を切り取っているポートレートでは、「目の開き具合がちゃんとしていれば」ということが起こります。［ゆがみ］フィルターなら簡単に補正できます。

Before

1 フィルターを使うので、再調整できるようにまずスマートオブジェクトに変換します。［フィルターメニュー］→［スマートフィルター用に変換］を選択します。

2 ［フィルター］メニュー→［ゆがみ］で、ゆがみワークスペースを開きます（ショートカットキーは⌘＋Shift＋X）。

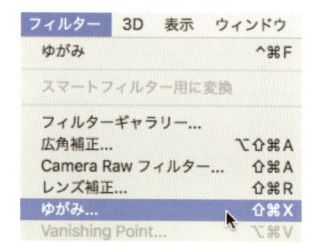

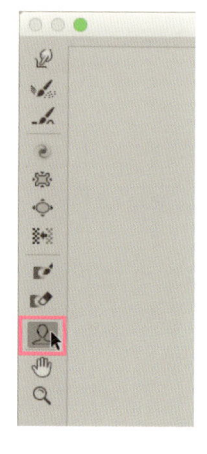

3 ウィンドウ左のツール一覧から［顔ツール］を選択します。［顔ツール］は顔が横を向きすぎていたりすると利用できないので注意が必要です。

(Point)

［顔ツール］について詳しくは、Part3の64ページ以降で説明しています。

4 右側の[属性]にある[顔立ちを調整]
の中に、[目の高さ]というパラメータが
あるので、これを操作して目の開き具合を調整
します。スライダーをプラス（右）側に操作する
と目が開きます。ここでは左右ともに最大になる
ように設定しました。

5 左目はちょうどよくなりましたが、右目の開
き具合が足りないので微調整を行ないま
す。ツール一覧から[膨張ツール]を選択します。

［膨張ツール］

7 調整したい目の上でクリックします。両
目の開き具合のバランスがとれるまで
数回クリックして調整して完成です。やり過ぎた
場合は[再構築ツール]で効果を減じて調整す
ることができます。

［再構築ツール］

6 ［属性］の[ブラシツールオプション]でブラシのサイズを
眼の幅程度になるように設定して、効果が一度に加わら
ないように[密度]と[割合]を20程度の低い数値に設定します。

After

逆光で暗くなった顔を明るくするには

[シャドウ・ハイライト]で簡単に逆光状態を解消

逆光状態で撮影すると、背景の明るさに露出が引きずられて顔が暗くなってしまうことがあります。ハイライトが飛ばないように補正を加えます。

Before

2 [イメージ]メニュー→[色調補正]→[シャドウ・ハイライト]を選択します。[シャドウ・ハイライト]ダイアログボックスの[詳細オプションを表示]をチェックして表示します。

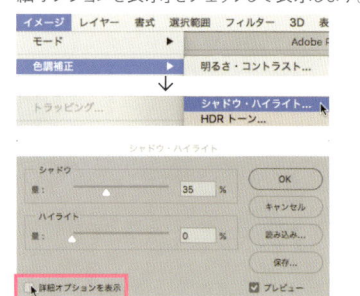

3 明るくなりすぎているシャドウ部を引き締めるために[シャドウ]の[半径]スライダーを操作します。自然な感じになるまで数値を大きくしましょう。

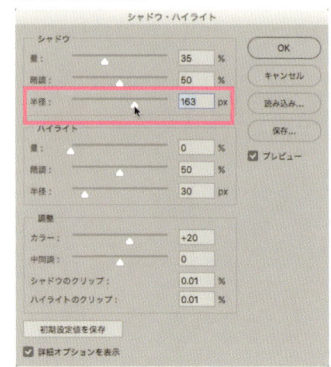

1 再調整できるようにまずスマートオブジェクトに変換します。レイヤーパネルの「背景」を[Control]＋クリック（右クリック）してコンテキストメニューから[スマートオブジェクトに変換]を選択します。

4 まだ顔が暗く感じるので、[シャドウ]の [階調]スライダーを操作します。十分 に顔が明るくなるまで数値を大きくしていきます。

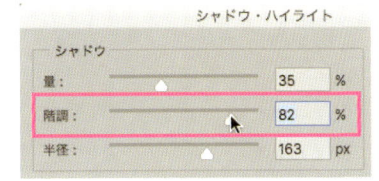

5 ハイライト側の明るさを少し抑えるために、[ハイライト]の [量]スライダーを少しだけ右に操作します。

6 全体が明るくなって若干色が浅く感じ られるようになったので、[調整]の[カ ラー]スライダーを右に操作して色の濃度を上 げます。

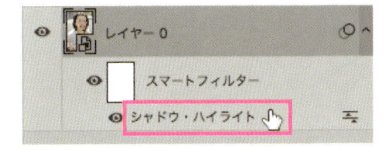

7 ポートレートなので肌の柔らかな感じを出すために、[調 整]の[中間調]スライダーを左に操作して中間調のコ ントラストを弱めました。問題がなければ[OK]ボタンをクリックし ます。

8 [シャドウ・ハイライト]は色調補正コマン ドですが、スマートオブジェクトに実行 するとスマートフィルターになるので、再調整し たい場合はレイヤーパネルの[シャドウ・ハイライ ト]をダブルクリックしてダイアログを呼び出せ ば何度でも調整できます。

After

顔に落ちている影を目立たなくするには

↓

Camera Rawフィルターの[修正ブラシ]で部分的に明るく

木陰で撮影した写真などで、顔に落ちた影がきつい場合に薄くすることができます。トーンカーブなどの調整レイヤーにレイヤーマスクを駆使してもできますが、Camera Raw フィルターならよりラクに行なえ再調整も簡単です。

Before

Camera Rawでフィルターで効果を部分適用

1 フィルターを使うので、まずスマートオブジェクトに変換します。レイヤーパネルの「背景」を Control ＋クリック（右クリック）してコンテキストメニューから[スマートオブジェクトに変換]を選択します。

2 ⌘＋Shift＋Aキーで[Camera Raw フィルター]を実行し、Camera Raw ワークスペースを開きます。ツール一覧から[補正ブラシ]を選択します。このツールを使うと、[基本補正]タブの各パラメータをブラシを使って部分的に実行することができます。

　［補正ブラシ］

3 右側で修正ブラシの設定を変更します。影を明るくして目立たなくするので、[シャドウ]のスライダーをプラス側に操作します❶。数値は後で変更できるので、強めの60くらいにしておきます。カーソルを顔の上に持っていきサイズを確認しながらブラシを調整します。ここでは[サイズ]❷を8、[ぼかし]❸を60に設定しました。

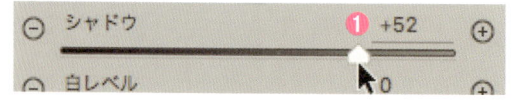

4 顔にかかった影の部分を中心にブラシをかけていくと、影が薄くなっていくのがわかります。なお、明るい部分にブラシがかかっても影響はないので気にする必要はありません。

5 [シャドウ]のパラメータを再調整します。この画像の場合は＋100にしてしまっても不自然にならなかったので、効果を最大にします。

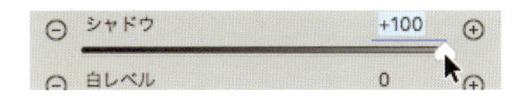

6 顔全体を明るくします。[露光量]のスライダーをプラス（右）側に操作して少し明るくしてやります。やり過ぎると不自然になるので、0.3〜0.5程度の調整がいいでしょう。

7 コントラストを下げてさらに影を目立たなくします。マイナス（左）側に操作することで軟調になるので、プレビューを見ながら操作していきます。－30程度までにしておくといいでしょう。

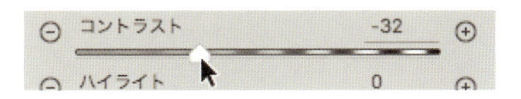

8 [手のひらツール]をダブルクリックするとプレビュー画像が全体表示になるので状態をチェックします。若干顔が明るくなりすぎているので再調整しましょう。

 ［手のひらツール］

補正ブラシの効果を再調整する

1 ［補正ブラシ］ツールをクリックして補正ブラシモードに入ります。先ほど加えた補正が顔の上にピンとして表示されているので、このピンの白い丸をクリックしてアクティブにします。赤い丸の中に黒丸に変化します。

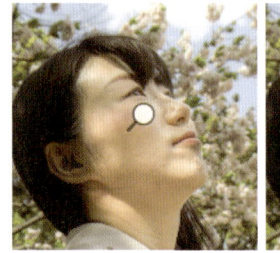 

［ブラシツール］

2 ［露光量］を＋0.25に落として顔の明るさを少し抑え、不自然さを解消しました。

3 最後に右腕にもブラシをかけて明るくすることで、より違和感を減らしました。

After

3

基本その2〜

積極的に
加工する

Part 3

顔のレタッチに特化した顔ツール

[表情のレタッチでかゆいところに手が届く]

[顔ツール]は、日ごろポートレートを撮影していて起こりがちな表情に関係してくる問題を修正することができる便利な機能です。うまく使えばボツ写真を使える写真に加工することもできます。この機能の基本を確認しておきましょう。

パーツごとに細かく補正できる

[顔ツール]は[ゆがみ]フィルターに組み込まれています。このツールでは、大きく分けて「目」「鼻」「口」「顔の形状」を補正することができるようになっています。それぞれの項目でまた補正する箇所が複数に分けられているので、かなり細かな補正を行なうことができます。

とくに、目の周辺の調整項目は口周りと並んで5項目と多く、しかも目の周辺は左右それぞれ独立しての補正、リンクさせての補正の両方が可能になっているので、左右のバランスを揃えたいといった補正も行なえるようになっています。効果も数値で細かく調整できるので、上手に使い分けましょう。

1 [フィルター]メニュー→[ゆがみ]を選択するか、ショートカットキー⌘+Shift+Xで[ゆがみ]フィルターを実行します。ゆがみワークスペース左側のツール一覧からこのアイコンをクリックすると[顔ツール]の属性がアクティブになります。

2 図のように効果を加えられる部分の近くにカーソルをもっていくとガイドが表示されるので、それにしたがって直感的に操作することができます。○や◇のハンドルや白い破線や実線をドラッグすることで変形し、顔を構成する要素の形状を変化させることができます

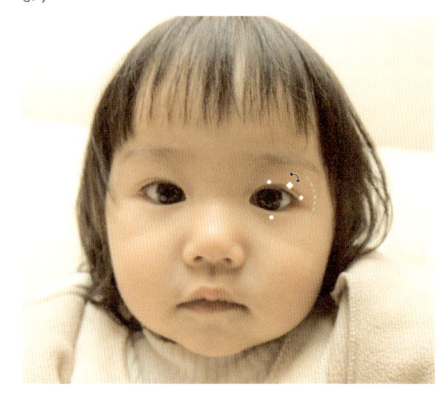

3 環境設定（⌘+Ｋ）の［ツール］で［ツールヒント
を表示］をオンにしていると、各ハンドルにマウ
スカーソルを近づけるとヒントが表示され、何を操作す
るためのハンドルかがわかります。

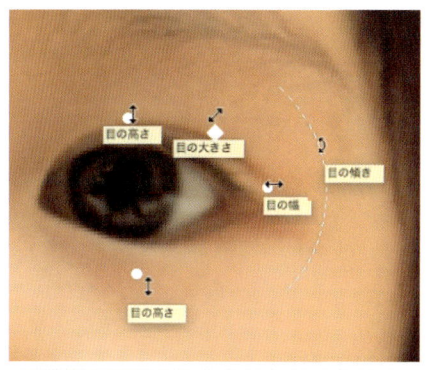

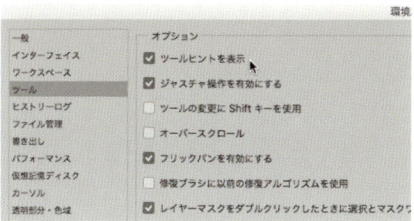

5 補正できる項目は図のように多彩です。プレ
ビュー上での直感的なマウス操作のほかに、こ
こで直接スライダーを動かしたり、数値を入力して細か
く指定することもできます。

[Point]

各パラメータが表示されていないときは左の▶をク
リックすると▼になり表示されます。これで折り畳
んだり表示したりできます。

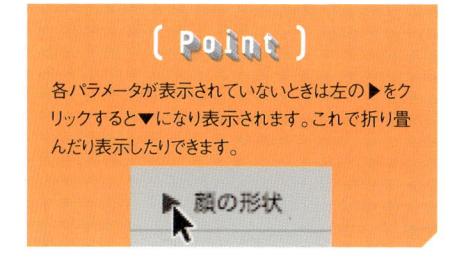

6 目の補正を行なう際には、パラメータの中央に
ある鎖マークをクリックして選択状態にすると
左右がリンクされ、片方を補正するだけで同量の補正
がもう一方にも同時に行なえるようになります。

4 各ハンドルやラインの名称は、ゆがみワークス
ペース右側［属性］タブ→［顔立ちを調整］の
中にある顔のパラメーターの名称に対応しています。そ
れぞれのパラメータは、±100の範囲で調整できるよう
になっています。

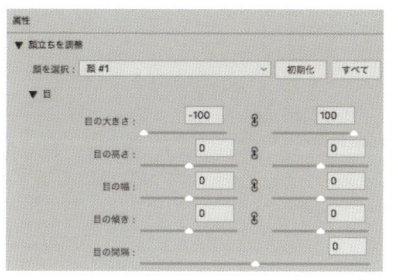

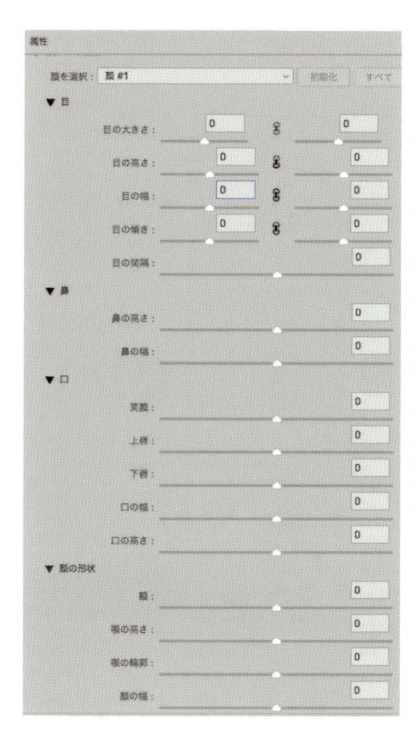

7 表情を操作するためにマウスをドラッグしているときは、ハンドルやラインは表示されませんので、顔の表情だけを確認しながら操作することができます。ここでは口の近くにカーソルを動かすと表示される[笑顔]の破線を上にドラッグして、口角を上げてみました。このように自然に表情を変えることができます。

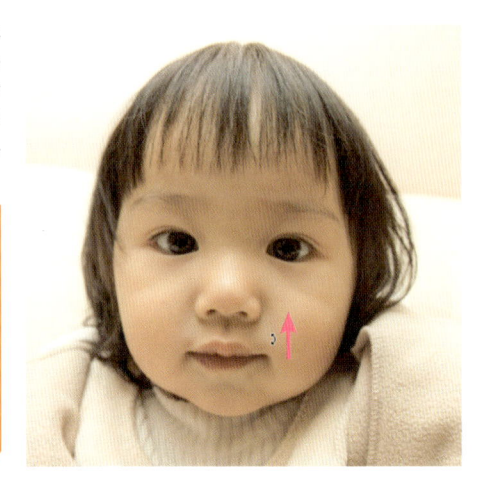

苦手な条件もある

[顔ツール]は Photoshop が顔を認識してくれければ利用できません。顔が大きく傾いている場合や、横を向いている場合などは顔認識ができないので、利用できないことを覚えておきましょう。

1 大きく顔が傾いていると残根ながら顔認識されず、[顔ツール]は機能しません。図は例のために意図的に傾けていますが、逆にこのように画像をレイヤーにして顔をまっすぐに回転させれば顔認識が有効になるので、裏技として覚えておくといいでしょう。

② 横を向いている場合も残念ながら認識されません。ただし今後のアップデートでこうした苦手な条件が緩和されていく可能性はあります。

複数の被写体に対応

[顔ツール] は複数の人物が写っている場合には自動的に各人物を認識してくれます。認識された人物はそれぞれ個別に補正を行なうことができるので、集合写真などでも大丈夫です。ただし、あまりに人数が多くなるとそれぞれの顔が小さくなってしまい、顔自体が認識されなくなる可能性があります。

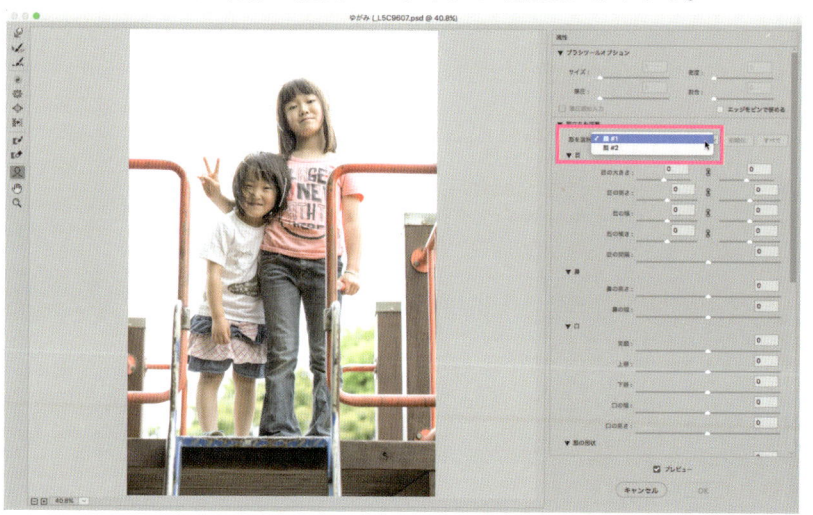

複数の人物が写っているときもそれぞれの顔を自動的に認識してくれます。[顔を選択] プルダウンメニューから補正したい顔を選んで操作します。

あごの形状を整える

↓

[顔ツールで[顎の輪郭]をマイナスにする]

スマートな人でも、ポーズによっては顎付近が目立ってしまうことがあります。その顎付近をスマートに見えるように補正しましょう。

Before

1 フィルターを使うため、レイヤーパネルの「背景」を Control ＋クリック（右クリック）してコンテキストメニューから[スマートオブジェクトに変換]を選択します。[フィルター]メニュー→[ゆがみ]を選択します。ショートカットキーは ⌘ ＋ Shift ＋ X です。

フィルター	3D	表示	ウィンドウ
ゆがみ			⌘F
スマートフィルター用に変換			⌥⌘F1
フィルターギャラリー...			
広角補正...			⌥⇧⌘A
Camera Raw フィルター...			⇧⌘A
レンズ補正...			⇧⌘R
ゆがみ...			⇧⌘X
Vanishing Point...			⌥⌘V

2 ゆがみワークスペースが開きます。左のツール一覧から[顔ツール]を選択します。画像上で認識された顔の左右に白いラインが表示されます。

 ［顔ツール］

3 カーソルを顎の輪郭付近に移動すると、顔の周囲に調整用の白いラインが表示されます。

4 白いラインをつかんで顎のラインがすっきりするように内側にドラッグします。やり過ぎると不自然になるので、具合を確認しながら納得のいく状態になるように調整しましょう。

ドラッグ

5 [属性]タブのパラメーター一覧にある[顎の輪郭]スライダーを操作しても同じ調整が行なえます。細かく調整したければここで直接数値を入力するといいでしょう。

▼ 顔の形状		
額：		0
顎の高さ：		0
顎の輪郭：		-75
顔の幅：		0

After

目をより大きく印象的にする

顔ツールで［目の大きさ］をプラスにする

人物写真の印象を決定づける大きな要素が目です。目の大きさを少し変えるだけでかなり印象が変わることがあります。

Before

2 ツール一覧から［ズームツール］を選択し、カーソルを顔の上に移動して、数回クリックして拡大します。目がきちんと確認できるくらいまで拡大しましょう。

［ズームツール］

3 ツール一覧から［顔ツール］を選択します。目の付近にカーソルを移動すると、いくつかの○と◇が表示されます。この中の◇［目の大きさ］をドラッグして外に移動します。

［顔ツール］

1 フィルターを使うため、レイヤーパネルの「背景」を[Control]＋クリック（右クリック）してコンテキストメニューから［スマートオブジェクトに変換］を選択します。[⌘]＋[Shift]＋[X]キーで［ゆがみ］フィルターを実行します。

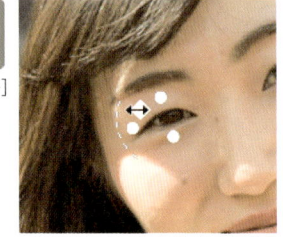

4 操作しているときは◇などは表示されなくなり、顔全体をしっかり確認しながら調整できます。あまりやり過ぎて不自然にならない程度にマウスをドラッグして大きくします。

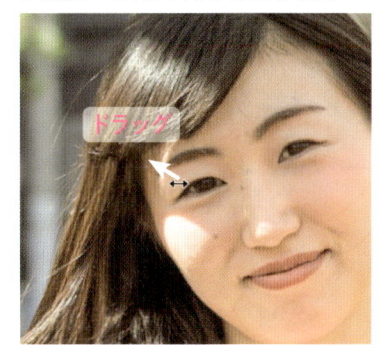

6 目を大きくしたことで若干左右の目の間隔が気になってきたので調整します。[目の間隔]というパラメータがあるので、このスライダーを左に操作して目と目の間隔を少し狭くしておきました。

5 もう一方の目も同じようにして大きくします。左右の大きさがいびつにならないようにプレビューを確認しながら調整します。微調整は[顔立ちを調整]の[目]の中のパラメータで数値を直接入力しましょう。

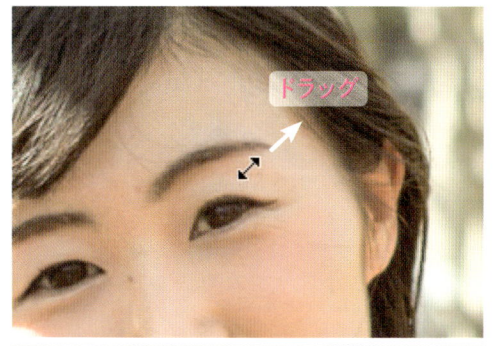

After

瞳を大きくする

↓

[瞳を別レイヤーに複製して拡大、ぼかしたマスクでなじませる]

最近では瞳を大きく見せるコンタクトレンズがあるように、瞳を大きくするだけで「かわいい」印象になり、とくに女性のポートレートに効果的です。

Before

1 瞳を選択するために、ツールパネルで［楕円形選択ツール］を選択します。カーソルを瞳の中心に移動して、Option＋Shiftキーを押しながらドラッグすると、中心から正円の選択範囲が作れるので瞳がすべて入る大きさの選択範囲を作成します。あとで修正できるので、厳密に瞳だけを選択する必要はありません。

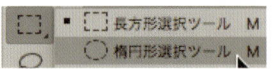

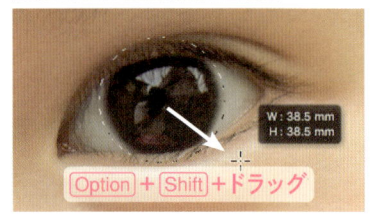

W：38.5 mm
H：38.5 mm

Option＋Shift＋ドラッグ

3 ⌘＋Tキーで［自由変形］を実行します。ペーストした瞳の周囲にバウンディングボックスが表示されます。Option＋Shiftキーを押しながら、四隅の□のうちのひとつを外側にドラッグすると中心から縦横比を保ったまま拡大できます。適度なサイズにしたらReturnキーを押して確定します。

2 ⌘＋Cキーでコピーし、⌘＋Vキーでペーストします。選択範囲が設定されているので、同じ位置に瞳がペーストされて「レイヤー1」になります。

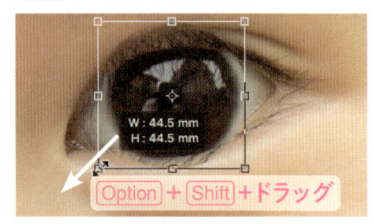

W：44.5 mm
H：44.5 mm

Option＋Shift＋ドラッグ

4 レイヤーパネルの[レイヤーマスクを追加]をクリックして「レイヤー1」にレイヤーマスクを追加します。左側のレイヤーサムネールを⌘＋クリック❶して瞳の選択範囲を読み込みます。それを⌘＋Shift＋Iキーで[選択範囲を反転]します。ここで右側のレイヤーマスクサムネール❷がアクティブなことを確認しておきます（アクティブでない場合はクリックします）。

［レイヤーマスクを追加］

6 [フィルター]メニュー→[ぼかし]→[ぼかし（ガウス）]を選択します。ペーストした瞳と、背景画像との境界部分の違和感がなくなるように[半径]を設定します（ここでは5.6px）。瞳の横にダイアログを配置して作業するとわかりやすいでしょう。

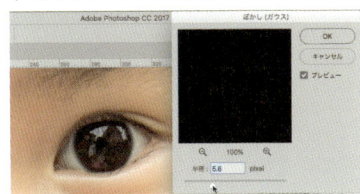

7 はみ出した部分をマスクするため、ツールパネルで[ブラシツール]を選択します。ブラシの[直径]を20pxくらい、[硬さ]を0%にし、ブラシで瞼にはみ出している眼の上下の部分を塗ってマスクしていきます。もう一方の瞳でも同様の作業を行なえば完成です。

［ブラシツール］

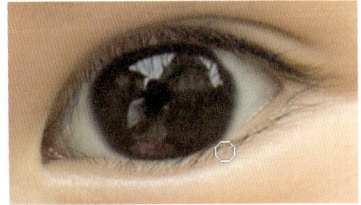

5 ツールパネルの描画色を黒にしてから、Shift＋F5キーで[塗りつぶし]を実行します。[内容]は[描画色]❶、[描画モード]は[通常]❷、[不透明度]は100%❸で[OK]して黒で塗りつぶします。その後⌘＋Dキーで選択範囲を解除しておきます。

After

Tip

25

瞳にキャッチライトを入れる

↓

[
レイヤーマスクつきの
[露光量]調整レイヤーで作成
]

瞳の中にキャッチライトがあるとより表情がいきいきとしてきます。キャッチライトが入らなかった写真には、追加してあげるといいでしょう。

Before

2 カーソルを瞳の中に移動して丸い選択範囲を作ります。あまり大きくしすぎると不自然なので瞳の天地の1／4程度までにしておくといいでしょう。

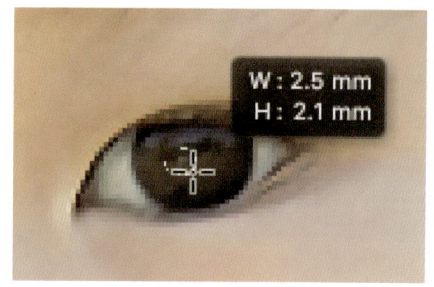

3 レイヤーパネルの[塗りつぶしまたは調整レイヤーを新規作成]から[露光量]を選択して調整レイヤーを作成します。属性パネルの[露光量]を真っ白になる一歩手前位の数値に設定します。多少ディティールが残っているほうが自然な感じに仕上がります。

[塗りつぶしまたは調整レイヤーを新規作成]

1 キャッチライトは瞳への明るいものの映り込みでできるので、形はなんでも構いませんが、一般的な形状としては円形がいいでしょう。ツールパネルから[楕円形選択ツール]を選択します。

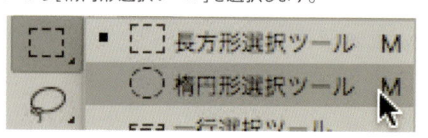

4 エッジをぼかしてより自然なキャッチライトにします。属性パネルの［マスク］❶をクリックしてマスク編集モードにします。［ぼかし］のスライダーを操作してぼかします❷。数値が小さい場合は直接入力したほうが早いでしょう。

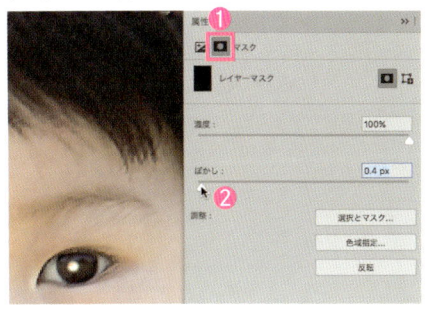

5 もう一方の瞳にキャッチライトを入れるため、レイヤーパネルの「露光量1」レイヤーを［新規レイヤーを作成］にドラッグ＆ドロップして複製します。

6 複製された［露光量1のコピー］レイヤーの［レイヤーマスクのレイヤーへのリンク］（鎖のアイコン）をクリックしてリンクをはずします。

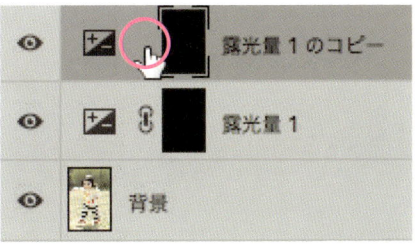

7 ツールパネルで［移動ツール］を選択して、マスクをドラッグしてもう片方の目にキャッチライトを移動します。位置の微調整はカーソルキーで行なえます。位置が決まったらレイヤーパネルで「露光量1のコピー」レイヤーの［レイヤーマスクのレイヤーへのリンク］をクリックして再びリンクしておきましょう。

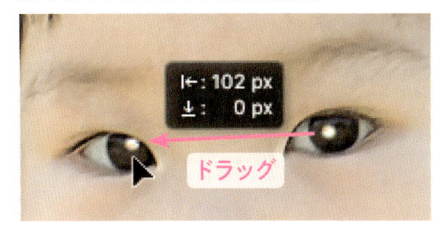

After

> **〔 Point 〕**
>
> 拡大表示で作業していると不自然に感じても、写真全体で見るとあまり違和感を感じなくなります。⌘＋0キーで全体表示にして不自然であれば、キャッチライトの大きさや明るさを調整してください。

まつげを伸ばす・増やす

↓

パスでカーブを作り、細くなるブラシでパスの境界線を描く

瞳と同じようにまつげは目の印象を左右します。とくに女性の場合は自然に長さを伸ばしたり、量を増やしたりするといいでしょう。

Before

1 レイヤーパネルの[新規レイヤーを作成]をクリックして新規レイヤーに補正を加えていきます。200%くらいに拡大して行ないましょう。ツールパネルから[ペンツール]を選択します。長さを伸ばしたいまつげのつけ根をクリック❶、そのまま伸ばしたい方向にドラッグ❷してコントロールポイントを作ります。

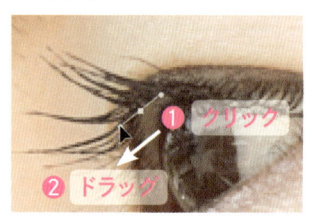

🔲	[新規レイヤーを作成]
✒️	[ペンツール]

2 伸ばしたい位置でクリックし❶、そのまま伸ばしたい方向にドラッグして❷コントロールポイントを作ります。

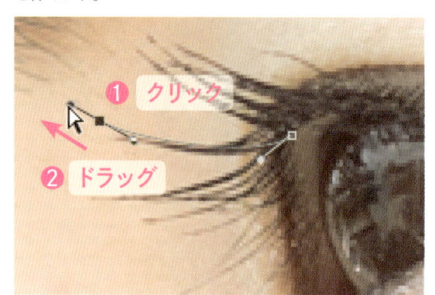

3 まつげに添わせるようカーブを調整します。つけ根側の■のアンカーポイントを⌘+クリック❶するとアクティブになるので、表示されるハンドルの●をドラッグして❷まつ毛に沿った形状になるように調整します。

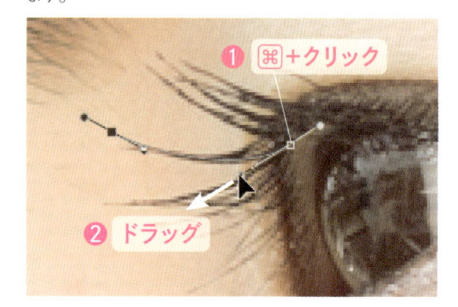

4 ツールパネルから[ブラシツール]を選択します。[直径]はまつ毛の太さに合わせますが、基本的に数px程度になると思っていいでしょう。[硬さ]は90%程度から試します。

[ブラシツール]

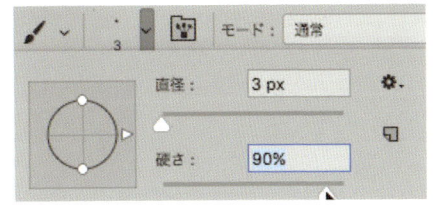

5 オプションバーの[ブラシパネルの切り替え]をクリックしてブラシパネルを表示します。左側の[シェイプ]❶をクリックして[サイズのジッター]→[コントロール]で[フェード]❷を選択します。これで徐々に消えていくブラシになります。

[ブラシパネルの切り替え]

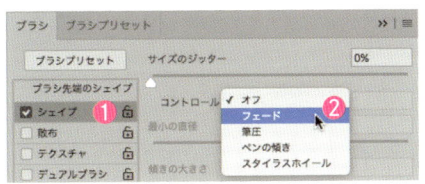

6 ブラシの色をまつ毛に合わせます。[Option]キーを押すと一時的に[スポイトツール]になるので、まつ毛の部分をクリックして描画色に設定します。

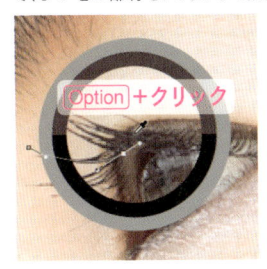

[Option]+クリック

7 パスパネルをアクティブにして、[ブラシでパスの境界線を描く]をクリックします。作成したパスに沿ってブラシがかかります。

[ブラシでパスの境界線を描く]

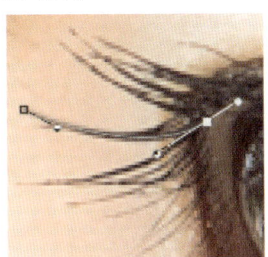

8 一度で望む長さにならなかったときは、[⌘]+[Z]キーで取り消し、ブラシパネルで[サイズのジッター]にある[フェード]❶と[最小の直径]❷の数値を調整します。先端まで太いままなら小さく、短かすぎた場合は大きくします。ブラシの[不透明度]も組み合わせて調整を加えていくとより自然になります。何度かテストして決めましょう。

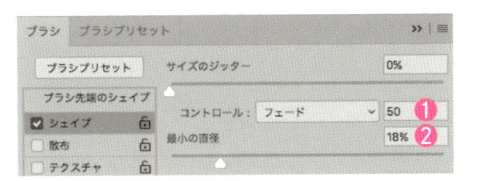

9 同様にしてそれぞれのまつ毛の長さを伸ばします。まつ毛がないところにパスを描き、まつげを増やすこともできます。

After

鼻を高くみせる

↓

[［ゆがみ］フィルターの前方ワープツールで変形]

あまり変化させてしまうと不自然になってしまいますが、自然に見える範囲で少しだけ鼻を高くしてみましょう。

Before

1 レイヤーパネルの「背景」を Control ＋クリック（右クリック）してコンテキストメニューを表示し、［スマートオブジェクトに変換］でスマートオブジェクトに変換します。［フィルター］メニュー→［ゆがみ］を選択します。

2 ゆがみワークスペースが表示されます。ツール一覧から［マスクツール］を選択し、影響を与えたくない部分をマスクしていきます。

［マスクツール］

3 ［属性］の［ブラシツールオプション］を設定します。［サイズ］は画像に合わせて115に、［密度］と［筆圧］はマスクするために完全に塗りつぶせればいいのでどちらも100にしました。

4 影響を与えたくない部分をマスクしていきます。顔は広めに、背景側でも歪んでしまうと困る箇所をマスクしていきます。背景は無地ならマスクは不要です。

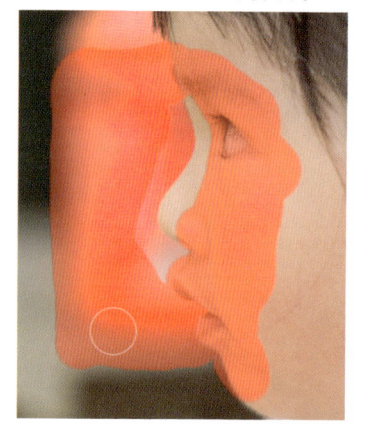

ツール一覧から［前方ワープツール］を選択します。［属性］の［ブラシツールオプション］を設定します。［サイズ］は広い範囲を変形させるために185に、［密度］は低めの40、［筆圧］は少しずつ変形させるために21に設定しました。サイズは画像によって変わるので何度か試してみましょう。

［前方ワープツール］

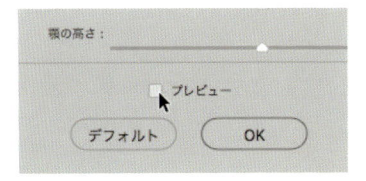 ［プレビュー］のチェックを外すと変形前の状態が確認できるので、チェックを入れたり外したりしながら結果を確認し、望む状態に変形できたら［OK］をクリックします。

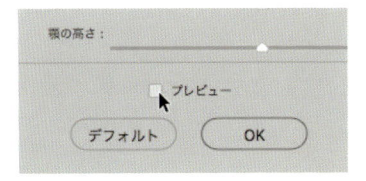

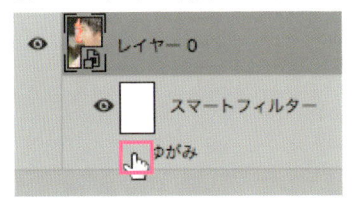 レイヤーパネルの「スマートフィルター」下に表示される「ゆがみ」の目のアイコンで効果のオン／オフができるので、変形の前後を比較することができます。不自然だと思ったらフィルター名の「ゆがみ」をダブルクリックすると再調整が可能です。

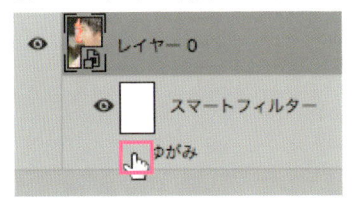

 鼻の頭付近にブラシを持っていき高くなるようにブラシをかけます。角度が急にならないように、鼻梁の部分にもブラシをかけておきましょう。

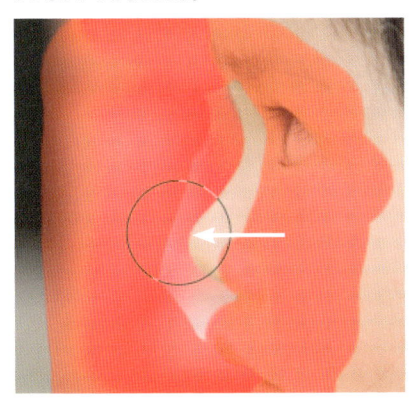

After

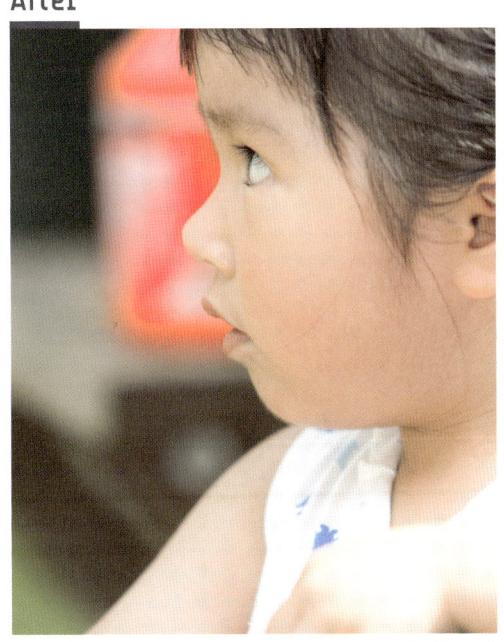

基本その2〜積極的に加工する

小顔にする

↓

[ゆがみ]フィルターの
顔ツール[顔の形状]で簡単に変形

背景やアングルによって、もう少し顔が小さく写ればいいのにと思うこともあるでしょう。[顔ツール] で小顔になるようにレタッチしてあげましょう。

Before

3 カーソルを顔の輪郭付近に持っていくと白いガイドラインが表示されるのでこれを操作して小顔にしていきます。まずは顎下のガイドラインにカーソルを移動し、上方向にドラッグします。

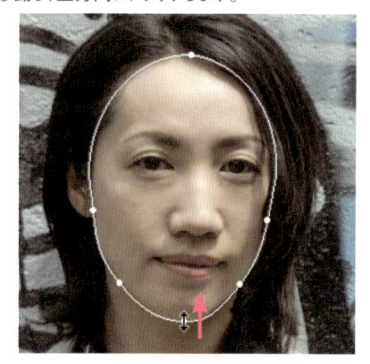

1 フィルターを使うので、[フィルター]メニュー→[スマートフィルター用に変換]で画像をスマートオブジェクトに変換します。⌘+Shift+Xキーで[ゆがみ]フィルターを実行します。

2 ゆがみワークスペースが表示されます。ツール一覧から[顔ツール]を選択します❶。顔の左右にガイドラインが表示されます❷。

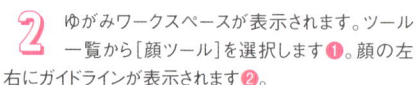

4 次に額部分のガイドラインを下方向にドラッグして額を少し狭くします。ドラッグしているときにはガイドラインは消え、結果だけに集中して調整できます。

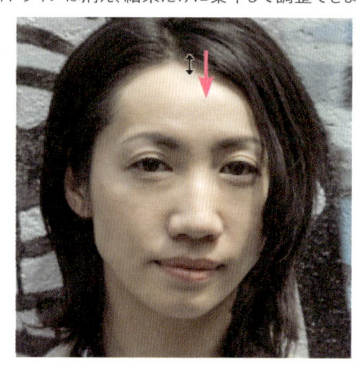

Part 1

5 次に顎の横のガイドラインを内側にドラッグして、顎の輪郭を調整します。

6 最後に耳の横あたりでガイドラインをドラッグして、顔の幅を微調整します。これで全体的に小顔にすることができました。

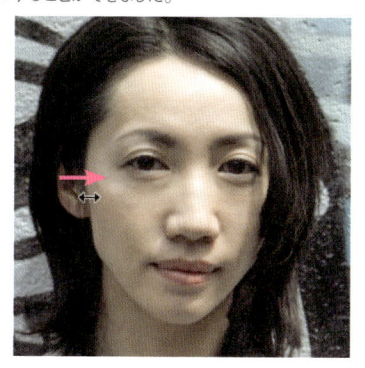

7 ガイドラインのドラッグよりも細かく調整を行ないたい場合は、[属性]の中の[顔立ちを調整]→[顔の形状]の4つのパラメータが今回調整した項目に対応していますので、直接数値を入力して変更します。

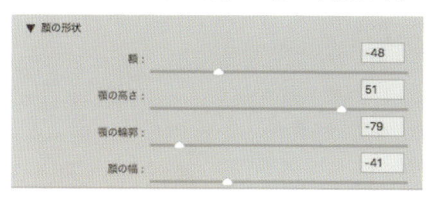

8 レイヤーパネルの「スマートフィルター」下に表示される「ゆがみ」の横にある目のアイコンで効果のオン／オフができ、マスクのない状態で変形前後を確認することができます。不自然だと思ったらフィルター名の「ゆがみ」をダブルクリックすると再び調整が可能です。

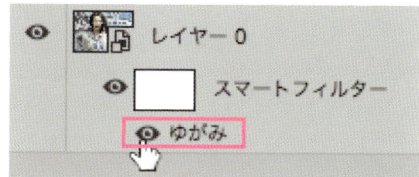

Part 2

[Point]

[顔の形状]の各パラメータが表示されていないときは左の▶をクリックすると▼になり表示されます。

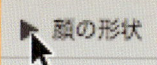

After

Tip
29

ウエストを細くする

↓

[[ゆがみ]フィルターの前方ワープツールで変形]

衣装やポーズ、アングルよってウエストが太めに写ってしまったとき、自然な感じでウエストを細くすることができます。

Before

1 レイヤーパネルの「背景」を Control ＋クリック（右クリック）してコンテキストメニューを表示し、[スマートオブジェクトに変換]でスマートオブジェクトに変換します。[フィルター]メニュー→[ゆがみ]を選択します。

2 ゆがみワークスペースが表示されます。ツール一覧で[前方ワープツール]を選択します。ウエスト付近にカーソルを移動して、比較的広い範囲に効果が加えられるようにブラシサイズを設定します。ここでは280に設定しました。ウエストを中心に、上下にもかかるようなサイズにするといいでしょう。

　［前方ワープツール］

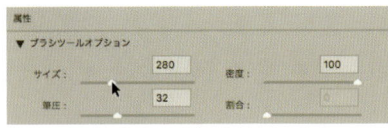

3 少しずつ効果を加えていけるように、[筆圧]を低めに設定します。強くても20程度までに設定して、焦らずに少しずつ変形させていきましょう。ペンタブレットがある場合は[筆圧感知入力]をチェックして、筆圧をあまり加えずにブラシをかけるようにするといいでしょう。

4 ブラシをウエスト前面側に移動して、ウエストが凹むようにブラシをかけます。数回に分けて少しずつ変形させることで自然な感じでウエストを細くすることができます。

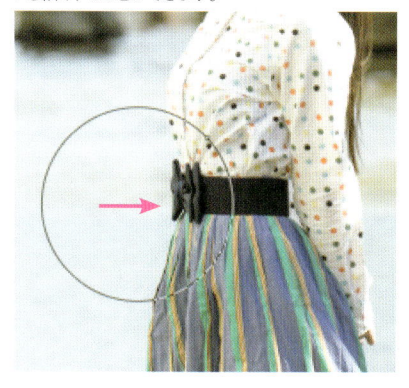

5 スカート部分が若干不自然に感じられるので、この部分にも少し変形を加えて自然な感じにします。

Part 1

Part 2

Part 3

基本その2〜積極的に加工する

Part 4

〔 Point 〕

作例のように背景がシンプルな写真はこれでいいですが、背景が歪むと気になる写真では[マスクツール]で影響を与えたくない部分をマスクをしてから作業しましょう。

[マスクツール]

After

脚を長くする

$$\Big[\ \text{脚を別レイヤーにコピーして自由変形。} \atop \text{影の位置も自由変形で合わせ、不要な背景をコピーで消す}\ \Big]$$

脚を長くする場合は、背景と地面そして地面に落ちた影が絡んできます。まず脚だけを丁寧に切り抜き、別レイヤーにコピーして変形します。影も別レイヤーにコピーして脚に合うように変形します。最後に元画像で不要な部分を消します。

Before

脚だけ別レイヤーにコピー

1. ツールパネルから[クイック選択ツール]を選択します。ブラシサイズを脚の一番細い箇所からはみ出さないサイズに設定します（ここでは35px）。脚全体が選択されるようにブラシをかけていきます。多少のはみ出しは気にする必要ありません。

[クイック選択ツール]

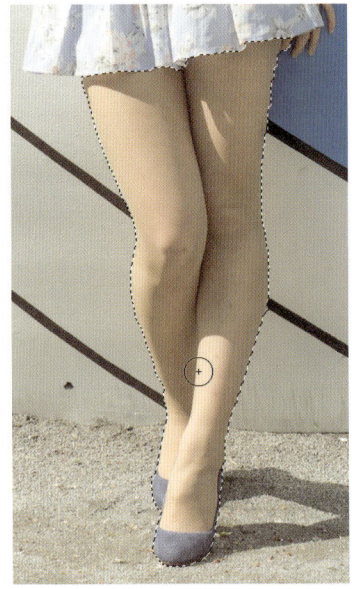

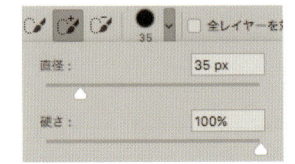

2 ツールパネルの［クイックマスクモードで編集］
をクリックしてクイックマスクモードにします❶。
ツールパネルで［ブラシツール］を選択して❷、細かい部
分の塗りつぶし／消去をするためにブラシのサイズを小
さくします（ここでは15px）。

［クイックマスク
モードで編集］

3 Xキーで描画色を白に設定します。選択しきれ
ていない靴の一部、脚の一部にブラシをかけ
て選択します。塗りつぶしが完了したら、ツールパネルの
［画像描画モードで編集］をクリックしてクイックマスク
モードから抜けます。

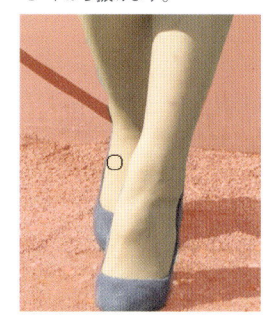

4 ⌘＋Cで選択した脚をコピーします。⌘＋Vでコ
ピーした脚をペーストします。選択範囲がアクティ
ブなので同じ位置にペーストされ、脚だけの「レイヤー1」が
作成されます。

ひざ下を自由変形で伸ばす

1 伸ばす部分を選択するためにツールパネルで
［長方形選択ツール］を選択します。ひざ下が
長いとより脚がキレイで長く見えるので、ひざ辺りからつ
ま先までが入るように選択範囲を作成します。

［長方形選択ツール］

2 ⌘＋Tキーで［自由変形］を選択すると、選択
されている脚の周囲にバウンディングボックス
が表示されます。下辺中央の□を下方向にドラッグし
て脚を伸ばします。不自然にならない程度に伸ばしたら
Returnキーを押して確定します。その後⌘＋Dキーで
選択を解除します。

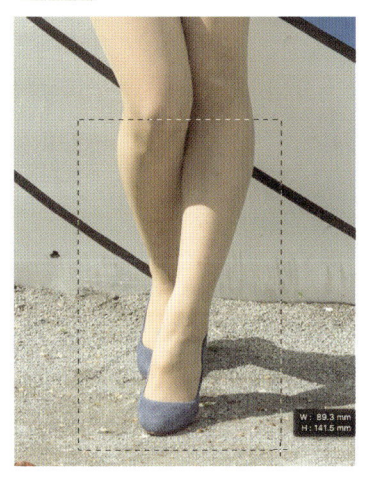

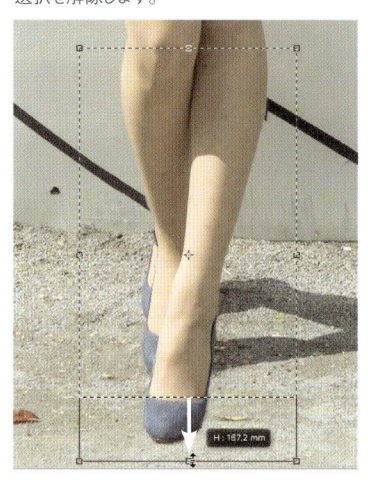

影の位置を合わせる

1 ずれてしまった影の位置の修正に入ります。レイヤーパネルで「背景」をクリックし、アクティブにして、ツールパネルで[多角形選択ツール]を選択します。脚の影部分が入る選択範囲を作成し、そのままコピー&ペーストを行ない、影部分の新規「レイヤー2」を作成します。

2 ⌘+T キーで[自由変形]を選択します。バウンディングボックス左辺中央の□を⌘+Shift キーを押しながら下にドラッグして、影の位置を足に合わせます。

3 ツールパネルで[コピースタンプツール]を選択します。オプションバーの[サンプル]を[すべてのレイヤー]に変更します。

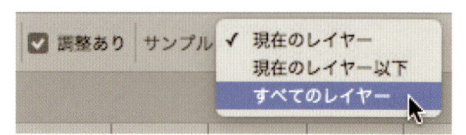

［コピースタンプツール］

4 少し残っている元の影を消します。影に近い位置で Option +クリックでサンプリングを行ないながら、不自然にならないように消していきます❶。同様に画面左側に背景の足も少し見えているので消しておきます❷。

輪郭の汚れを消す

1 最後に全体を確認して不自然な点がないかを確認します。コピーして伸ばした脚の縁に壁の黒いラインが少し含まれていたため、レイヤーパネルで脚のレイヤー「レイヤー1」をクリックしてアクティブにし修正します。

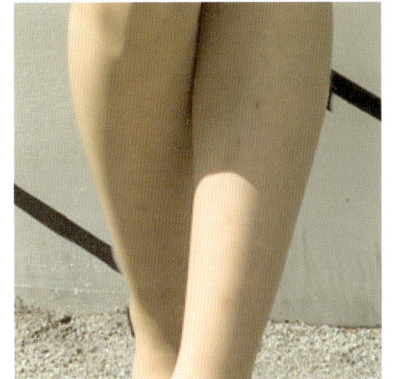

2 ツールパネルで[消しゴムツール]を選択し、細かい部分の修正なのでブラシの[直径]を小さく（ここでは4px）、[硬さ]はわずかにぼける90％程度としました。

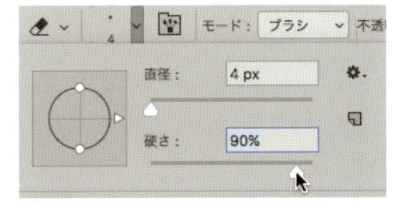

3 左足のふくらはぎ、右足のくるぶし付近に残っている黒い部分を消します。最初の選択範囲作成を非常に丁寧に行なえばこの工程はなくなりますが、最後に修正してもたいして時間はかからないので、効率を優先するといいでしょう。

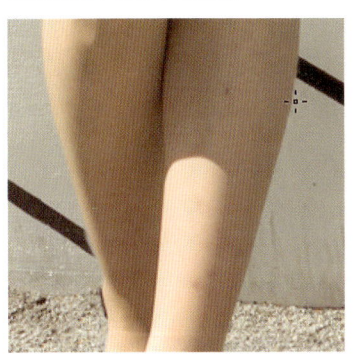

After

目尻を下げてかわいさアップ

↓

[顔ツールで[目の傾き]をマイナス、
前方ワープツールで微調整]

子供のポートレートなどでは、つり目気味よりもたれ目気味のほうが表情が柔らかく感じられます。目尻を若干下げて表情を柔らかくしてみましょう。

Before

1 フィルターを使うので、[フィルター]メニュー→[スマートフィルター用に変換]で画像をスマートオブジェクトに変換します。⌘＋Shift＋Xキーで[ゆがみ]フィルターを実行します。

2 ゆがみワークスペースが表示されます。ツール一覧で[顔ツール]を選択します。顔の周囲に白いガイドラインが表示されれば、[顔ツール]での編集が可能です。

 [顔ツール]

3 左右の目を同じように傾けたいので[属性]の[顔立ちを調整]→[目]→[目の傾き]の左右のスライダーの間にある鎖のアイコンをクリックします。

▼ 目				
目の大きさ：	0	🔒	0	
目の高さ：	0	🔒	0	
目の幅：	0	🔒	0	
目の傾き：	0	🔒	0	

4 目尻付近にカーソルを移動すると、カーソルが図のように変化します。

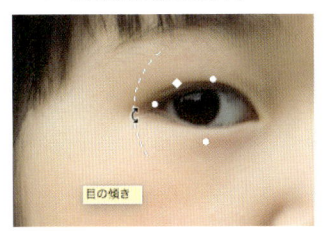

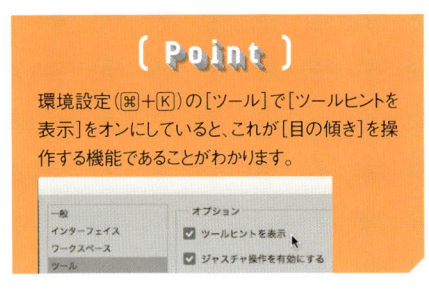
5 目尻を下にドラッグするか、[属性]のスライダーをマイナス側に操作するか、やりやすい方法で目尻を下げます。

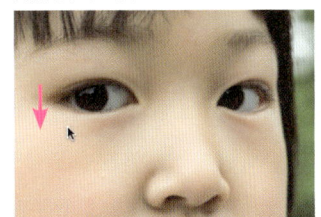

前方ワープツールで微調整

1 手前に来ている右目はもう少し目尻を下げたいところです。そこで、さらに調整を加えるためにツール一覧から[前方ワープツール]を選択します。目尻を十分にカバーするサイズにブラシを調整します。効果を少しずつ加えるために、[筆圧]を低く設定します。20以下に設定するといいでしょう。

 [前方ワープツール]

2 目尻部分に数回ブラシをかけて垂れた感じをより強くします。少しの変化だけで印象は変わるので、やりすぎには注意しましょう。

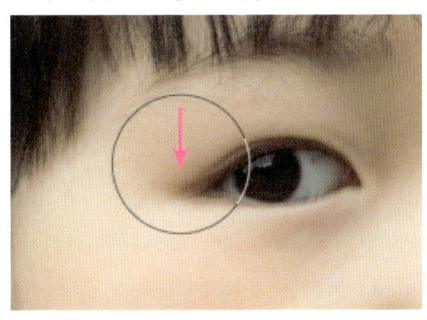

After

口角を上げて笑顔にする

[［ゆがみ］フィルターで顔ツールの［笑顔］で簡単]

人物紹介などで使うプロフィール写真はやや微笑んだ感じのほうが印象がよくなります。固い表情しかない場合は［顔ツール］で簡単に笑顔にできます。

Before

1 レイヤーパネルの「背景」を Control ＋クリック（右クリック）してコンテキストメニューを表示し、［スマートオブジェクトに変換］で画像をスマートオブジェクトに変換します。［フィルター］メニュー→［ゆがみ］を選択します。

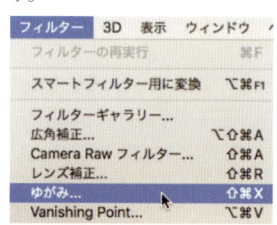

2 ゆがみワークスペースが表示されます。左側のツールパネルから［顔ツール］をクリックして選択します。

［顔ツール］

③ 　口の端にカーソルを持っていくとカー
ソルが図のように変化するので、上に
ドラッグすると口角が上がります。任意に調整
して[OK]をクリックして完成です。

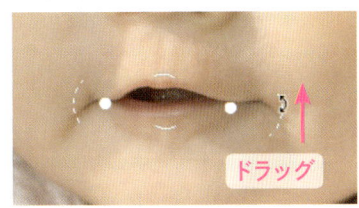

ドラッグ

④ 　右側の[笑顔]のスライダーを右に操
作することでも口角を上げることがで
きます。

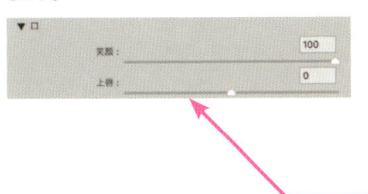

After

髪の色を変える

[焼き込み]で髪の毛の選択範囲をアルファチャンネルに。
[カラーバランス]調整レイヤーで色を変更

色の変更は［カラーバランス］調整レイヤーでかなり自由に行なえますが、肝心なのはきれいに髪の毛のマスクを作ることです。コントラストの強いチャンネルからアルファチャンネルを作り、［覆い焼きツール］［焼き込みツール］［消しゴムツール］で仕上げます。

Before

髪の毛の
アルファチャンネルを作成

1 髪の毛だけの選択範囲を作るためにアルファチャンネルを作成します。まずチャンネルパネルでRGBのチャンネルを順にクリックして白黒で表示してみます。階調とコントラストを確認すると、この画像ではRチャンネルが髪の毛とその周囲（顔や背景）との明度差がもっとも大きいようです。

2️⃣　Rチャンネルを元にアルファチャンネルを作りましょう。［イメージ］メニュー→［演算］を選択します。［第1元画像］❶［第2元画像］❷ともに［チャンネル］を［レッド］に設定し、［描画モード］を［乗算］❸に設定して、［結果］を［新規チャンネル］❹で［OK］します。

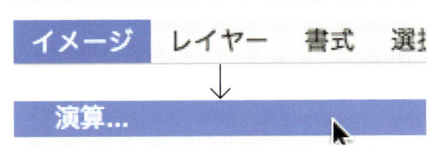

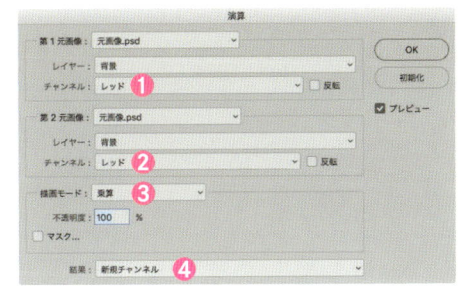

3️⃣　よりコントラストが強調された「アルファチャンネル1」がチャンネルパネルに作成されます。

［覆い焼きツール］でハイライトを飛ばす

1️⃣　「アルファチャンネル1」を髪の毛だけのマスクにするために不要な部分を消していきます。ツールパネルで［覆い焼きツール］を選択します。オプションバーで適度なブラシサイズを設定し❶（ここでは90px）、［範囲］を［ハイライト］に❷、［露光量］をあまり一度に効果が加わらないように30%❸に設定します。

［覆い焼きツール］

2️⃣　顔に何度かに分けてブラシをかけていきます。ハイライト部分が覆い焼き効果でどんどん明るくなっていきます。

3️⃣　同様にして頭の周りにもブラシをかけていきます。

4 画像を拡大表示し、ブラシの[直径]を小さくして（ここでは30px）[露光量]も10％程度に下げ、髪の毛の間から見える額の部分を明るくしていきます。

5 ある程度整ったら、効率よく不要な箇所を消すためにツールパネルから[消しゴムツール]を選択します。⌘＋⓪キーで画像全体を表示し、不要な箇所を消していきます。ブラシの[直径]を消す場所に合わせて調節しながら作業を進めましょう。

 ［消しゴムツール］

6 ここまで消したら、残りの広い範囲は[長方形選択ツール]で選択範囲を作り、[Shift]＋[F5]キーで[塗りつぶし]を実行し[内容]を[ホワイト]にして白く塗りつぶすとラクです。

7 もう一度拡大表示して、髪の毛以外の消し残しがあったら[消しゴムツール]で消します。

8 ときどきチャンネルパネルで「RGB」の目のアイコンをクリックして画像を表示させ、髪と肌や背景との塗り分け具合を確認しながら作業を進めます。ツールの[直径]を変えながら、できるだけ細部まで手を入れましょう。

[焼き込みツール]でシャドウをつぶす

1 次に、髪の毛部分を黒く塗りつぶします。ツールパネルで[焼き込みツール]を選択します。オプションバーで適度なブラシサイズを設定し❶（ここでは45px）、[範囲]を[シャドウ]に❷、[露光量]を40%程度❸に設定して、髪の部分にブラシをかけて黒くしていきます。

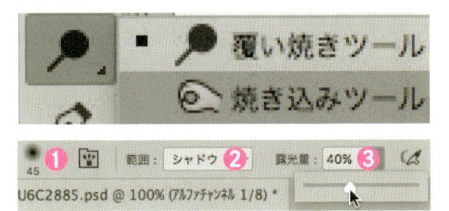

2 髪に光が当たって白い部分は、[ブラシツール]で黒く塗りつぶしていきます。ただし耳元の生え際は真っ黒にしてしまわないように注意が必要です。ときどきチャンネルパネルで「RGB」の目のアイコンをクリックして画像を表示させ、確認しながら作業を進めましょう。きれいに塗り分けられたら完了です。

[カラーバランス]で色変更

1 「アルファチャンネル1」のチャンネルサムネールを⌘＋クリックすると白い部分が選択範囲として呼び出されます。⌘＋[Shift]＋[I]キーで[選択範囲を反転]を実行し、黒い髪の部分が選択範囲になるようにします。

2 ⌘＋[0]キーで全体を表示し、チャンネルパネルの「RGB」をクリックして画像を表示します。

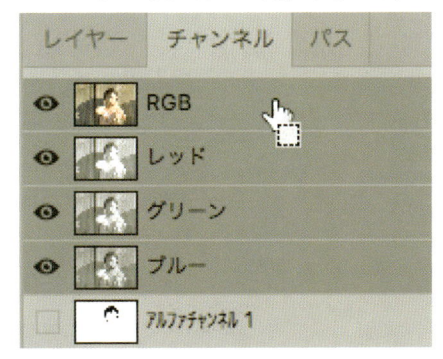

3 レイヤーパネルの[塗りつぶしまたは新規調整レイヤーを作成]から[カラーバランス]を選択して調整レイヤーを作成します。レイヤーパネルでその「カラーバランス1」の描画モードを[スクリーン]に設定します。

[塗りつぶしまたは調整レイヤーを新規作成]

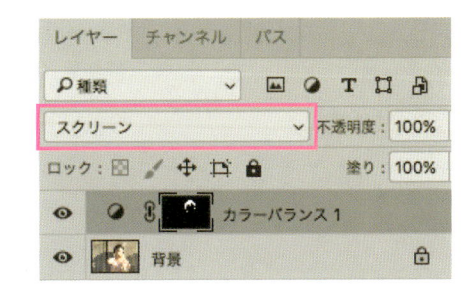

属性パネルでカラーバランスのスライダーを調
整し、望む色調に変化させていきます。このとき、
[階調]で[ハイライト][中間調][シャドウ]のそれぞれを
調整してやるとより自然になります。

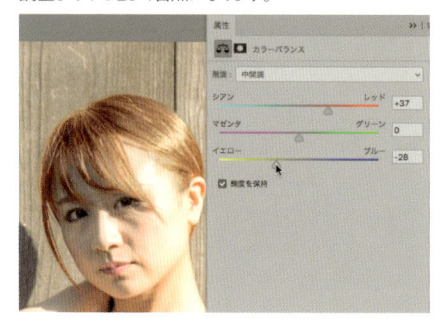

「カラーバランス1」のレイヤーマスクサムネール
を⌘+クリックして選択範囲を呼び出し、レイヤー
パネルの[塗りつぶしまたは新規調整レイヤーを作成]か
ら別の色調補正の調整レイヤーを重ねていけば、さらに
色調や明るさを変えていくこともできます。ここでは[トーン
カーブ]で中間調をやや明るめに調整しています。

[塗りつぶしまたは調整レイヤーを新規作成]

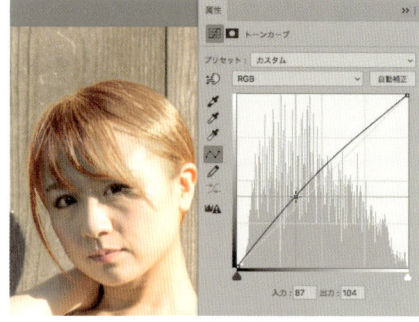

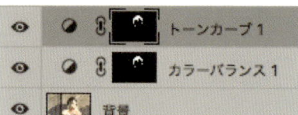

[Point]

髪の毛のマスクの精度がこの作業のポイントにな
ります。しかし、微妙なところは実際に色をつけて
みないとわからないので、確認してマスクの精度が
足りないと思ったら調整レイヤーのマスクに手を加
えましょう。

After

バストを豊かにみせる

↓

［ゆがみ］フィルターの
前方ワープツールでウエストを細く

腰回りを少し細くしてあげるだけで、相対的に胸が大きく見えるようになります。
過度に補正しすぎると不自然になるので気をつけましょう。

シンプルな背景のとき

Before

2 ゆがみワークスペースが表示されます。
ツール一覧で［前方ワープツール］を選択
します。［属性］の［ブラシツールオプション］で［サ
イズ］を腰回りに無理なくブラシがかけられる程度
に設定し（ここでは200）、少しずつ効果を加えて
いけるように［筆圧］を10程度に設定します。

　［前方ワープツール］

属性			
▼ ブラシツールオプション			
サイズ：	200	密度：	100
筆圧：	11	前色：	

3 腰の部分が凹むようにブラシをかけてい
きます。

1 フィルターを使うので、［フィルター］メニュー→［スマー
トフィルター用に変換］で画像をスマートオブジェクト
に変換します。［フィルター］メニュー→［ゆがみ］を選択します。

4 ブラシのサイズを小さくして、胸の下から斜め上にブラシをかけてラインを調えます。

複雑な背景のとき

Before

1 ［フィルター］メニュー→［スマートフィルター用に変換］で画像をスマートオブジェクトに変換します。［フィルター］メニュー→［ゆがみ］を選択します。

2 ゆがみワークスペースが表示されます。背景が複雑な場合は背景に影響が出ないようにするため、［マスクツール］を選択し、歪んでほしくない背景部分にブラシをかけてまずマスクしていきます。マスクは赤く表示されます。

 ［マスクツール］

3 次に［前方ワープツール］を選択します。素材に合わせたブラシサイズ設定、低めの筆圧設定をするのは同じです。左右から腰回りにブラシをかけてお腹のラインを絞っていきます。

 ［前方ワープツール］

4 衣装のボタンラインが自然なラインになるように、身体の中心方向へブラシをかけます。このように腰回りを修正していくと不自然にバストが大きくならず、全体のスタイルがよくなります。

After

唇の色を濃くあるいは薄く

[色相・彩度]調整レイヤーでレイヤーマスクを活用

撮影後に唇の色がもっと濃いほうがよかった、あるいは薄いほうがよかったなどと思うこともあるでしょう。この方法では色を変えてしまうことも可能です。

Before

1 今回は口紅の色が薄かったという前提で濃くしてみます。まずレイヤーパネルの[塗りつぶしまたは新規調整レイヤーを作成]をクリックして[色相・彩度]で調整レイヤーを作成します。

 [塗りつぶしまたは調整レイヤーを新規作成]

2 属性パネルの[彩度]のスライダーを右に操作して色を濃くします。写真全体の色が変化しますがここでは気にする必要はありません。

3 レイヤーパネルで「色相・彩度1」のレイヤーマスクがアクティブになっていることを確認します。

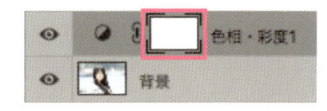

4 Shift + F5 キーで[塗りつぶし]を実行します。[内容]を[ブラック]❶に設定し、[合成]オプションの[描画モード]が[通常]❷、[不透明度]が100%❸になっていることを確認して[OK]します。

5 ［色相・彩度１］のレイヤーマスクが黒く塗りつぶされ、調整レイヤー全体が無効になり、画像の色調が補正を行なう前の状態に戻ります。

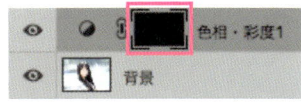

6 ツールパネルで［ブラシツール］を選択します。唇を塗りつぶしていくので作業しやすいサイズの［直径］（ここでは10px）に設定し、周囲と自然になじむようにぼけ足が大きめになるよう［硬さ］を設定します（ここでは21％）。

［ブラシツール］

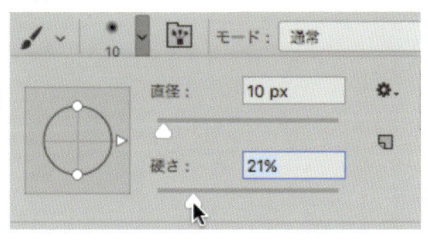

7 唇部分を塗りつぶして部分的にマスクを解除していきます。輪郭から塗っていくといいでしょう。口角の塗りつぶしなど、細かな箇所の作業ではブラシの［直径］を適宜調整して作業します。

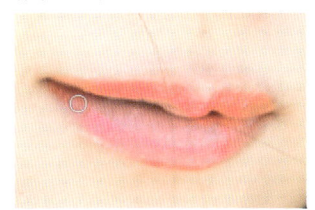

8 ⌘＋0キーで画像全体を表示して、色の状態を確認します。濃すぎたり薄かったりする場合は、属性パネルの［彩度］をさらに調整して仕上げます。

After

瞳の色を変える

↓

瞳のマスクをブラシで描き
［色相・彩度］調整レイヤーで変更

瞳の色を変えると人物の印象が大きく変わります。多少の明るさ、色の変化でも、エキゾチックな印象を与えることができるでしょう。

Before

1 クイックマスクを使って瞳部分を選択します。ツールパネルから［クイックマスクモードで編集］をクリックします。

 ［クイックマスクモードで編集］

2 ツールパネルから［ブラシツール］を選択します。オプションバーの［ブラシプリセットピッカー］を開き、カーソルを瞳の上に持っていってちょうど瞳の大きさになるように［直径］を設定します（ここでは105px）。［硬さ］を90％程度にして少しぼけ足をつけます。

 ［ブラシツール］

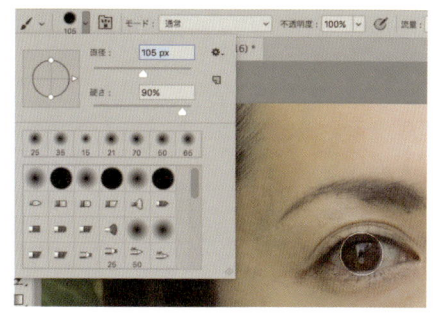

3 瞳の位置とカーソルの位置が重なるようにしてクリックし、瞳部分を塗りつぶします。

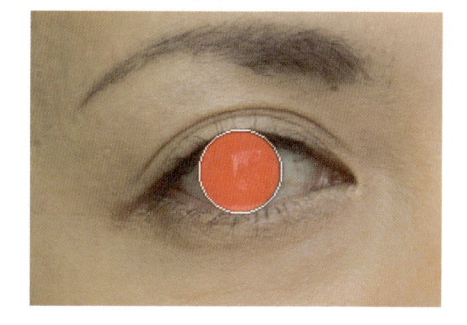

4 左目でもブラシのサイズを調整して塗りつぶします。両目とも塗りつぶしたら⌘＋Ｉキーで[階調の反転]を実行して、クイックマスクの塗られている部分と塗られていない部分を反転させます。

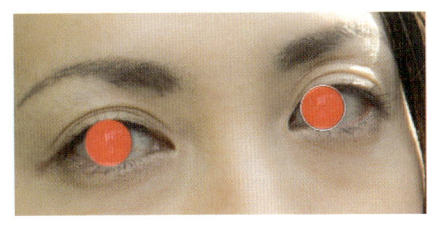

5 ツールパネルの[画像編集モードで編集]をクリックするとクイックマスクが選択範囲に変換され、瞳が選択されていることがわかります。

 [画像編集モードで編集]

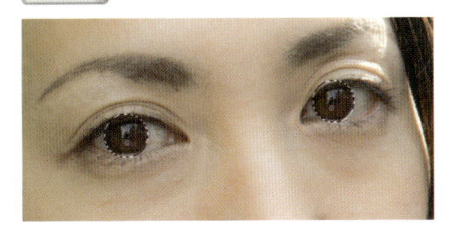

6 レイヤーパネルの[塗りつぶしまたは調整レイヤーを新規作成]から、[色相・彩度]を選択します。選択範囲のレイヤーマスクがついた調整レイヤーが作成されます。属性パネルの[色相]❶のスライダーを操作して好きな色に変更します。色が鮮やかすぎたら[彩度]❷を、暗すぎたら[明度]❸のスライダーを操作して調整します。

 [塗りつぶしまたは調整レイヤーを新規作成]

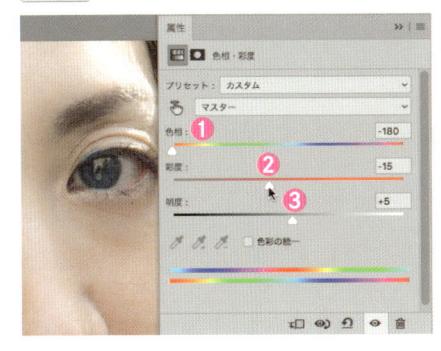

7 拡大表示して、瞳からはみ出している部分を消していきます。レイヤーパネルの「色相・彩度1」レイヤーのレイヤーマスクアイコンがアクティブなことを確認します。

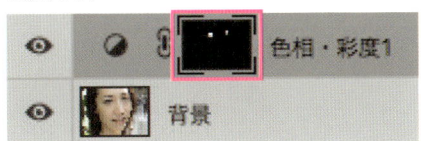

8 ブラシツールが選択されているので、まぶた部分にカーソルを移動して確認しながら[直径]を小さくします（ここでは11px）。描画色が黒なのを確認して、はみ出している部分を塗ってマスクしていきます。塗りすぎたらⅩキーで描画色を白にして塗りなおします。

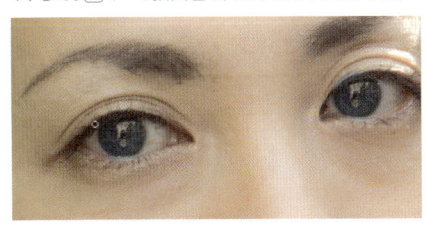

After

衣装の色を変更する

↓

[クイックマスクと[選択とマスク]で厳密な選択範囲に。 [レンズフィルター]調整レイヤーで色を変える]

同じデザインで色違いの衣装に加工することができます。また、実物と撮影した写真で色が違って見える場合にも役に立つでしょう。

Before

1 色を変えたい衣装を選択しましょう。今回はセーターです。まず大ざっぱに選択してしまうために、ツールパネルから[クイック選択ツール]を選択します。衣装の上にカーソルを移動しブラシを設定します。腕からはみ出さないくらいで大きめにするといいでしょう。

 [クイック選択ツール]

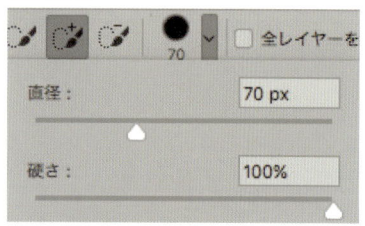

2 セーターにブラシをかけて選択していきます。不要な部分が選択されてもあまり気にせずに、セーター全体を選択してしまいます。

【 Point 】

ブラシのカーソルに＋がついているときは、選択範囲の追加モードです。一度でブラシをかけにくいときは何度かに分けてドラッグしましょう。

3 不要な選択範囲を除外します。[Option]キーを押すとブラシカーソルの中に−（マイナス）が表示されるので、除外したい箇所にブラシをかけます。ただし腕のように明るさが近い部分はうまく区別されませんので、クイックマスクモードで除外しましょう。

クイックマスクモードで細部を選択

1 ツールパネルで［クイックマスクモードで編集］をクリックしてクイックマスクモードに入ります。同じくツールパネルで［ブラシツール］を選択します。オプションバーのブラシプリセットピッカーで［直径］を小さくし（ここでは25px）、エッジがある程度はっきりするように［硬さ］は90％に設定します。

［クイックマスクモードで編集］

［ブラシツール］

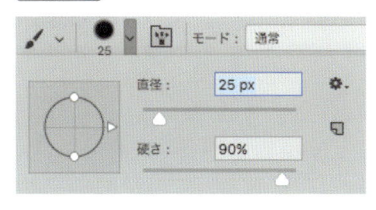

2 描画色が黒なのを確認します。画像を拡大表示して、腕の部分をブラシツールで塗りつぶします。角の部分は一度意識的にはみ出して塗ってしまいましょう。

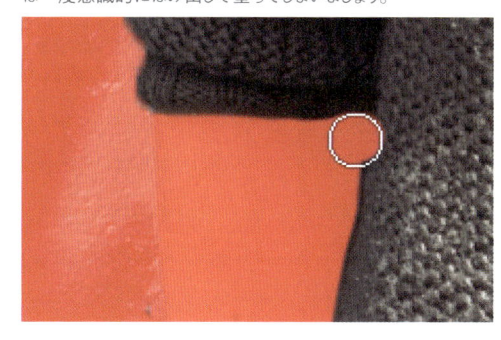

3 続いて[X]キーで描画色と背景色を入れ替え、描画色を白にしてはみ出した部分にブラシをかけて消します。

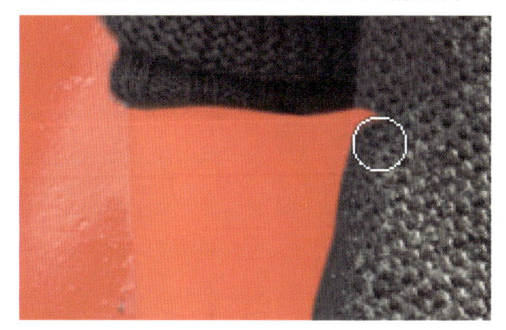

4 塗りつぶす箇所に合わせてブラシのサイズを適宜変更し、このように[X]キーで描画色と背景色を切り替えながら修正していきます。マスクが完成したらツールパネルの[画像描画モードで編集]をクリックしてクイックマスクモードから抜けます。

(Point)

狙った通りに選択範囲が作れているかを確認するためには、ときどきクイックマスクモードを画像描画モードにして選択範囲の状態で確認してみるといいでしょう。

[選択とマスク]でエッジを調整

1 セーターのように毛足の柔らかな素材の場合はエッジ部分に少しぼかしを入れてやるとより自然な選択範囲にできます。境界を調整するために[選択範囲]メニュー→[選択とマスク]を実行します。ショートカットキーは[⌘]+[Option]+[R]です。

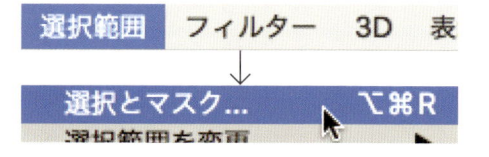

2 選択とマスクワークスペースが表示されます。すでに作った選択範囲が赤い[オーバーレイ]で表示されていますが、[属性]の[表示]プルダウンメニューから選んで表示方法を変更できます。素材に応じて選択範囲が識別しやすい方法を選びましょう。今回は[レイヤー上]にしました。

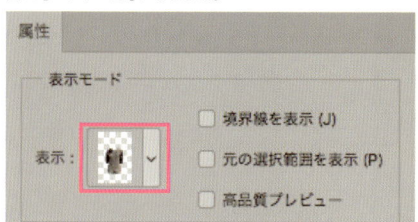

3 プレビューで選択範囲の境界部分を拡大して確認しながら調整していきましょう。自動的にエッジ部分を整えることができるので、[エッジの検出]で[スマート半径]にチェックを入れて❶、[半径]を1pxにします❷。これにより緻密な選択範囲にすることができます。この機能は必ずうまくいくわけではないので、[半径]を少し調整してみて無理ならあきらめましょう。

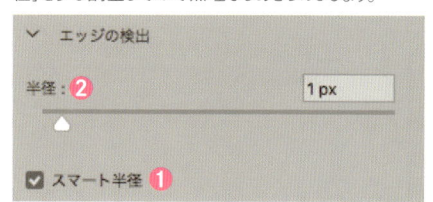

4 エッジをぼかして背景となじみやすくします。[グローバル調整]の[ぼかし]を0.5ピクセルに設定します。ここまでで選択範囲が納得のいく状態に仕上がっていれば不要です。画像に合わせて使うかを判断してください。最後に[OK]をクリックして確定します。これでセーターの厳密な選択範囲ができました。

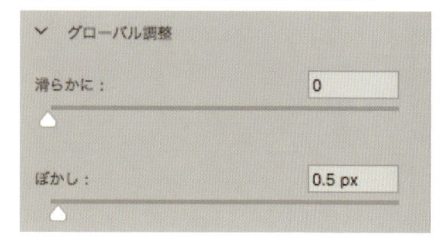

[レンズフィルター]調整レイヤーで色を変更

 1 レイヤーパネルの[塗りつぶしまたは調整レイヤーを新規作成]から[レンズフィルター]を選択します。選択範囲がマスクになった「レンズフィルター1」調整レイヤーが作成されます。

[塗りつぶしまたは
調整レイヤーを新規作成]

2 ⌘+0キーで画像全体を表示します。属性パネルを使って色を変更していきましょう。最初に変化がわかりやすいように[適用量]を100%にします。

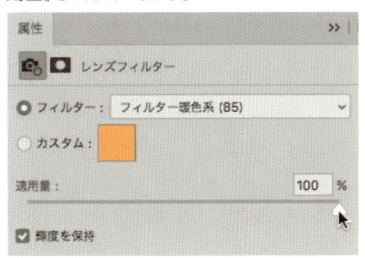

3 服の色を決めます。[フィルター]ポップアップメニューにあるプリセットから選ぶか、[カスタム]の色部分をクリックしてカラーピッカーを表示し、自由に色を選択しても構いません。プリセットで希望に近い色に設定してからカスタムで調整するとやりやすいでしょう。

After

Tip 38

ポーズや衣装の形状を微調整する

［パペットワープ］で変形させる

人物のポーズが意図した状態と微妙に違う、あるいはデザインにはまらないということがあります。とくに動きのある状態で撮影したものなど、あと少しのところを思い通りに修正できます。

Before

クイック選択ツールで腕を選択

1 右腕の確度をもう少し直角に近づけたいのでレタッチします。右腕だけ選択するのに、ツールパネルで［クイック選択ツール］を選択します。手首付近ではみ出さない程度に［直径］を（ここでは30px）、少しぼけ足がつくように［硬さ］を90％に設定します。

 ［クイック選択ツール］

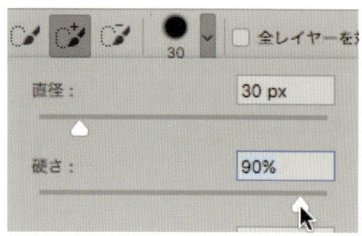

2 何回か右腕をクリックしながら選択していきます。はみ出した部分は［Option］キーを押しながらクリックして選択範囲から除外します。

3 ⌘＋Ｃキーで選択範囲をコピーし、⌘＋Ｖキーでペースト します。選択範囲がアクティブなので、同じ位置に別レイ ヤーとして右腕がコピーされます。⌘＋Ｄキーで選択範囲を解除し ておきます。

パペットワープで変形

1 ［編集］メニュー→［パペットワープ］を選択しま す。

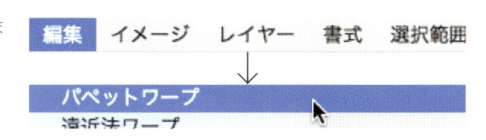

2 選択範囲にメッシュが表示されます。関節を設 定するようにピンを置いていきます。肘を曲げる ので、まず最初に肘にピンを配置します。

3 肘から腕の付け根に関しては動かしたくないの で、動かなくなるように多めにピンを配置します。

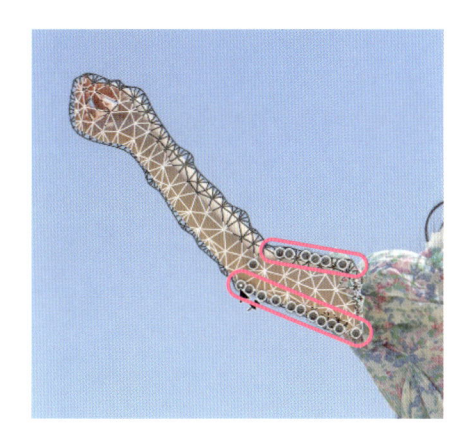

4 最初に配置した肘のピンをクリックしてアクティ ブにします。［Option］キーを押すと、アクティブなピ ンを中心に円が表示され、回転できるようになるので、 肘の確度が直角に近づくように回転させます。角度が 決まったら［Return］キーを押して変形を確定します。

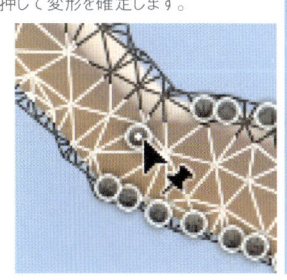

コピースタンプツールで元の腕を消す

1 ツールパネルで［なげなわツール］を選択します。レイヤーパネルで「背景」を選択し、元の位置にある腕をドラッグして選択します。

 ［なげなわツール］

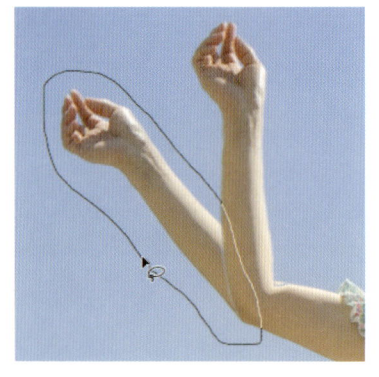

2 ツールパネルで［コピースタンプツール］を選択し、［直径］を腕が完全に隠れるサイズに、［硬さ］を90％程度に設定します。消去する腕の横で Option ＋クリックして空をサンプリングし、元の位置の腕をドラッグして消去します。

 ［コピースタンプツール］

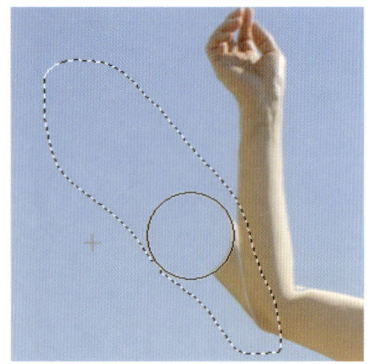

3 最後にレイヤーパネルで「レイヤー1」を選択し、曲げた腕が光の当たり具合で不自然に歪んで見える部分を消してなじめます。ツールパネルで［消しゴムツール］を選択し、ブラシの［直径］を小さめに設定します（ここでは20px）。肘の内側の不自然さを直すために何回かに分けてクリックして消します。

 ［消しゴムツール］

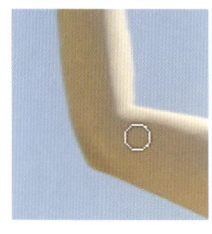

After

(Part)

欲しい写真にする〜
イメージ
コントロール

人物を背景からきれいに切り抜く

↓

[体はクイック選択ツールで選択、
複雑な髪はチャンネルにして覆い焼き／焼き込みツールで]

ここまででもさまざまなマスクを作成してきましたが、ここで複雑な人物の切り抜き方法をまとめて整理しておきます。白バックなどの単色の背景なら比較的簡単ですが、外で撮影した写真などの場合には難易度が上がります。さまざまなツールを利用してきれいに切り抜く方法を覚えておくといいでしょう。

Before

体の選択範囲を作成する

1 まず、髪の毛と頭以外の体の選択範囲を作成していきます。ある程度背景との明るさの差があるので、ツールパネルから［クイック選択ツール］を選択して、ざっくりと選択してみましょう。

 ［クイック選択ツール］

2 画像を拡大表示し、ブラシのサイズを小さくして（ここでは10px）、選択しきれていない部分を選択していきます。多少はみ出しても気にしなくて大丈夫です。

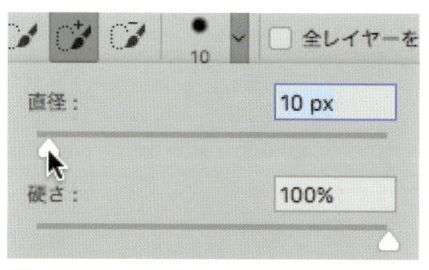

4 ⌘+Ｉキーで[階調の反転]を実行します。今度は体の部分が塗りつぶし範囲になります。拡大表示して[Spacebar]キーで一時的に[手のひらツール]にしてドラッグし、選択範囲の縁をぐるっとを確認して塗り残しをつぶしていきます。

5 再び⌘+Ｉキーで塗りつぶし範囲を反転して背景に戻し、ツールパネルの[画像編集モードで編集]をクリックしてクイックマスクを選択範囲に戻します。

3 ツールパネルの[クイックマスクモードで編集]をクリックしてクイックマスクモードに入ります。ツールパネルで[ブラシツール]を選択して、塗り残し部分にカーソルを移動して確認しながら[直径]を設定し（ここでは7px）、[硬さ]は100％とします。数度に分けて少しずつブラシをかけて、マスクを修正していきます。

 ［クイックマスクモードで編集］

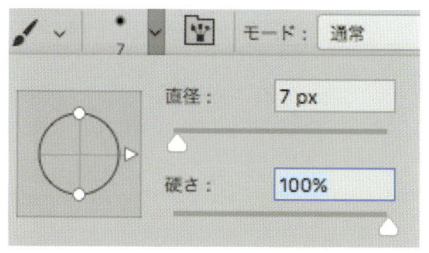

体の選択範囲を保存する

1 ［選択範囲］メニュー→［選択範囲を保存］で今作った選択範囲を保存します。わかりやすいように名前（ここでは「体」）をつけて保存します。

2 保存した選択範囲はアルファチャンネルとして保存されます。チャンネルパネルを見ると、「体」というチャンネルが保存されていることが確認できます。

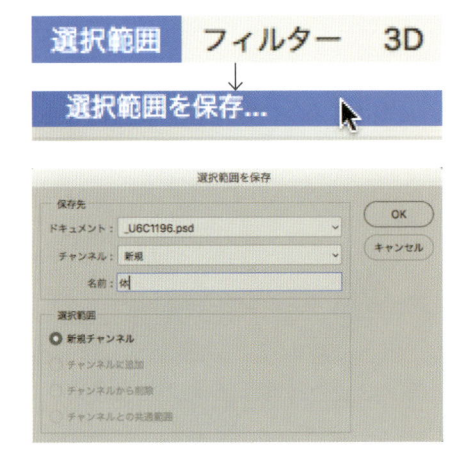

髪と頭のマスクを作成する

1 髪の毛は複雑なので、頭部は選択ツールではなく［チャンネル］を利用して選択していきます。チャンネルパネルで「レッド」「グリーン」「ブルー」を順にクリックして白黒で表示し、マスク作成に適した一番コントラストが高い（白黒がはっきりしている）チャンネルを選びます。ここでは「ブルー」なので、［新規チャンネルを作成］にドラッグして複製します。

2 「ブルーのコピー」チャンネルを編集してマスクを作成していきます。まず［イメージ］メニュー→［色調補正］→［明るさ・コントラスト］を選択します。［コントラスト］を100にし、目一杯コントラストをつけます。

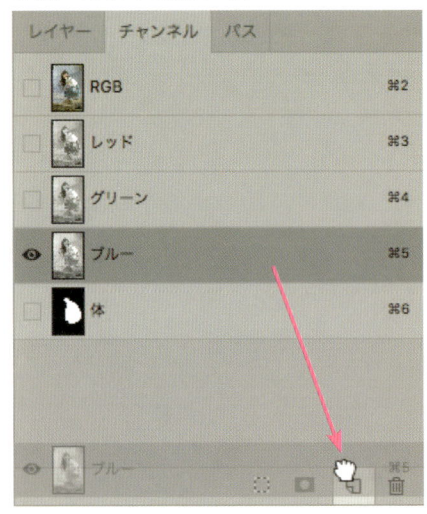

3 ハイライトとシャドウを飽和させます。［イメージ］メニュー→［色調補正］→［レベル補正］を選択します（ショートカットキーは⌘＋Ｌ）。ハイライトの△のスライダーを左側に動かし、髪の毛の明るい部分まで飛ばない程度に明るい部分を白く飛ばします❶。シャドウの▲のスライダーは、髪と背景の水面の暗い部分との切り分けができる程度に少し右に動かします❷。

4 ツールパネルから［覆い焼きツール］を選択し、オプションバーで［範囲］を［ハイライト］❶にして明るいところだけに効果が加わるようにし、［露光量］を30%❷程度の少なめに設定します。ブラシの［直径］を100px程度、［硬さ］は0%にしてぼけ足をつけます。

［覆い焼きツール］

5 背景の黒く残った箇所に複数回に分けてブラシをかけて、白く消していきます。髪の毛を完全に残すのは難しいので、不自然にならない程度に消えてしまうことを前提に作業することになります。

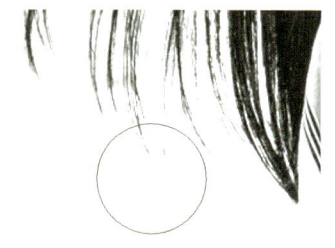

7 頭の周囲の背景が消せたら、あとはツールを［消しゴムツール］に変更して一気に消してしまいましょう。

［消しゴムツール］

6 髪の周りの複雑な部分の処理が済んだら、オプションの［露光量］を100%に変更して、背景の余計な部分にブラシをかけて白くしていきます。

8 髪の毛を黒く塗りつぶすためにツールパネルで[焼き込みツール]を選択します。オプションバーで[範囲]を[シャドウ]❶に、[露光量]を50%❷程度に設定します。ブラシの[直径]は130px程度、[硬さ]は0%とします。

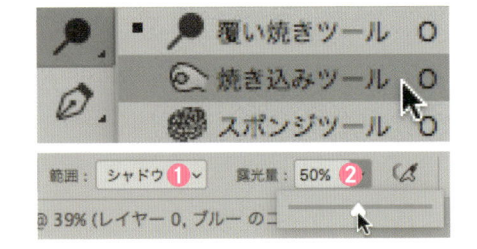

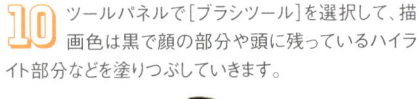

9 ディテールをなくして黒くしたい部分にブラシをかけていきます。髪の先端などもしっかり黒くしてやるためにブラシをかけましょう。

10 ツールパネルで[ブラシツール]を選択して、描画色は黒で顔の部分や頭に残っているハイライト部分などを塗りつぶしていきます。

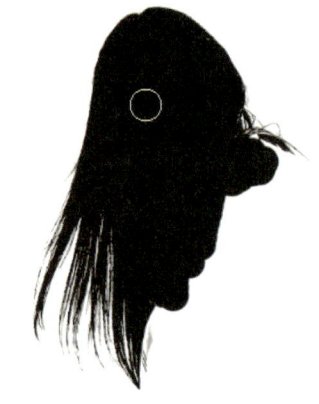

選択範囲を統合する

1 チャンネルパネルの「体」チャンネルを⌘+クリックして保存していた選択範囲を呼び出します。[Shift]+[F5]キーで[塗りつぶし]を実行し、[内容]を[ブラック]にして[OK]します。拡大表示して選択範囲の境界で塗りつぶせなかった箇所を、ブラシツールで適宜サイズを変えて塗りつぶします。

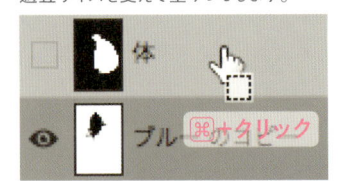

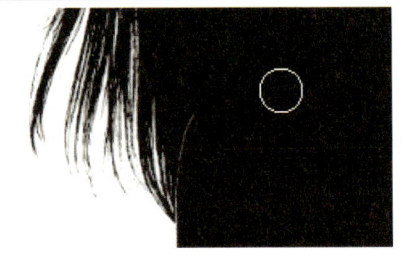

2 チャンネルパネルで「RGB」の目のアイコンをクリックすると元の画像が表示されます。この状態で塗りつぶされていない個所があれば、ブラシツールで塗りつぶしていきます。

3 ⌘+[I]キーで[階調の反転]を実行します。人物以外が塗りつぶされた状態になり、これで人物の選択範囲を保存した「ブルーのコピー」アルファチャンネルが完成しました。

人物を切り抜く

1 チャンネルパネルの「ブルーのコピー」の目のアイコンをクリックして非表示にして❶、「ブルーのコピー」チャンネルを⌘＋クリックして❷選択範囲を呼び出します。このようにアルファチャンネルからはいつでも選択範囲を呼び出せます。

2 「RGB」チャンネルをクリックして写真のレイヤーをアクティブにします。この状態で⌘＋Cキーを実行すると人物だけを切り取ったコピーができます。

3 ⌘＋Vキーでペーストすると、「レイヤー1」として人物だけが新しいレイヤーになります❶。レイヤーパネルで「背景」の目のアイコンをクリックして非表示にすると❷、人物の切り抜き画像の完成です。髪の毛の部分も細かく切り抜けていることがわかります。

After

背景をぼかして人物を目立たせる

↓

[グラデーションのマスクと
ぼかしギャラリーを使って実現]

使用するカメラとレンズや撮影状況によってはイメージ通りに背景をぼかせないこともあります。そんなときは Photoshop 上で背景をぼかして主役に目が行くようにしましょう。

Before

[焦点距離]で選択範囲を作る

1 フィルターを使うので、スマートオブジェクトに変換しておきます。レイヤーパネルの「背景」を
[Control]＋クリック（右クリック）して［スマートオブジェクトに変換］を選択します。

2 ぼかしたい背景の選択範囲を作成していきます。まず［選択範囲］メニュー→［焦点領域］を選択します。Photoshopにより自動的にピントが合っていると判断された部分が選択範囲に設定されます。［焦点領域］ダイアログボックスが表示されるので［表示］から見やすい方法を選択します❶。［オーバーレイ］にすると、クイックマスクのように選択範囲外が赤く表示されます。［パラメーター］を1.6くらいまで下げると❷、もう少し選択範囲を絞り込むことができます。

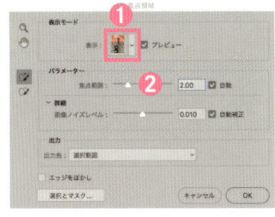

3 この作例のように少しずつ弱くぼけていく写真は自動で完全に選択するのは難しいので、[選択範囲から除去]ブラシを選択し、人物以外を選択範囲外にしていきます。ドラッグすると[クイック選択ツール]のように自動的に追加されていくので、ブラシのサイズを変えながら何度かに分けて塗りつぶしていくといいでしょう。

[選択範囲から除去]

4 おおまかに人物だけ選択できたら[エッジをぼかし]にチェックを入れて❶、[出力先]は[選択範囲]❷で[OK]をクリックします。

> 出力
> 出力先： 選択範囲 ❷
> ☑ エッジをぼかし ❶
> 選択とマスク...   キャンセル   OK

クイックマスクで細かく修正

1 ツールパネルの[クイックマスクモードで編集]をクリックしてクイックマスクモードに入ります。[ブラシツール]で境界を細かく修正していきます。「39 人物を背景からきれいに切り抜く」を参考にして人物を切り抜きます。また、人物と同じ距離にある階段の手すりも塗りつぶしから除外します。

[クイックマスクモードで編集]

2 塗りつぶしが完了したら、⌘+ Ⅰキーで[階調の反転]を実行します。人物が赤くなり、背景が選択範囲になります。ツールパネルの[画像編集モードで編集]をクリックして選択範囲にしたら、後で使うので選択範囲を保存します。[選択範囲]メニュー→[選択範囲を保存]を選択し、「人物以外」と名前をつけて[OK]します。保存したら⌘+ Dキーで選択範囲を解除しておきます。

[画像編集モードで編集]

> 選択範囲を保存
> 保存先
> ドキュメント： 元画像.psd   OK
> チャンネル： 新規   キャンセル
> 名前： 人物以外
> 選択範囲
> ⦿ 新規チャンネル

ぼけ量を変えるグラデーションマスクを作成

1 画像の下から上（背景の手前から奥）に向かって ぼけ量を多くするために、グラデーションのマスクを作ります。ツールパネルの[クイックマスクモードで編集]をクリックして、クイックマスクモードに入ります。[グラデーションツール]を選択して描画色が黒、背景色が白なのを確認し、[Shift]キーを押しながら画面下から上にマウスをドラッグします。人物の足もとは100%塗りつぶされて、画像の上に行くにしたがって薄くなるグラデーションが描かれます。

[クイックマスクモードで編集]

[グラデーションツール]

2 [画像編集モードで編集]をクリックして選択範囲にします。これも[選択範囲]メニュー→[選択範囲を保存]を選択して、「グラデーション」と名前をつけて保存します。

[画像編集モードで編集]

ぼかしフィルターの実行

1 グラデーションの選択範囲のまま、[選択範囲]メニュー→[選択範囲を読み込む]を選択します。[ソース]の[チャンネル]で先に保存した[人物以外]❶を指定して、[選択範囲]オプションを[現在の選択範囲との共通範囲]❷にして、[OK]します。人物以外の選択範囲にグラデーションが組み合わされ、図のような選択範囲になります。

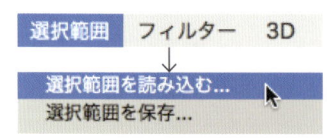

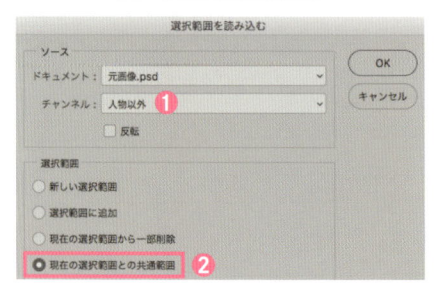

2 この選択範囲をマスクに使い、背景をぼかします。[フィルター]メニュー→[ぼかしギャラリー]→[フィールドぼかし]を選択します。ぼかしギャラリーワークスペースが表示されます。現在のバージョンでは、選択範囲にかかわらず全体がぼけたプレビューが表示されます。

フィルター	3D	表示	ウィンドウ	ヘルプ

↓

ぼかしギャラリー　　　　　▶　フィールドぼかし...

3 [効果]タブで[光の範囲]の▲を左端の0まで移動し❶、暗部までぼかします。次に[光のボケ]を10〜20%程度にします❷。ぼけている部分のハイライトの量が増加し、より自然な状態に近づきます。[OK]をクリックで実行します。

効果	モーション効果	ノイズ

ボケ ☑

光のボケ： 15%

❷

ボケのカラー： 0%

光の範囲：

❶　　　　　　　　　　　　　　　　　　△
0　　　　　　　　　　　　　　　　255

4 背景のぼけ具合を確認して、ぼけすぎと感じたらレイヤーパネルの「ぼかしギャラリー」をダブルクリックして再びフィールドぼかしワークスペースを表示します。[ぼかしツール]タブの[フィールドぼかし]→[ぼかし]の量を調整します。今回は10pxに調整しました。自然に見えるようになれば完成です。

［ Point ］

グラデーションの描き方に応じてぼけ量が変化するので、ドラッグの始点・終点、長さを変えて自然なぼけになるように調整します。複数のグラデーションを作って別のチャンネルとして保存し、試してみるといいでしょう。

After

ソフトフォーカスにする

[[フィールドぼかし]かCamera Rawフィルターを利用、描画モードを[比較(明)]に]

ソフトフォーカスは本来撮影時に効果が出るように手を加えるのですが、あとからでも簡単にそれらしく見せることができます。

Before

フィールドぼかしの場合

1 レイヤーパネルの「背景」を[新規レイヤーを作成]にドラッグして複製します。その「背景のコピー」を[Control]+クリック(右クリック)して、表示されるコンテキストメニューから[スマートオブジェクトに変換]を実行します。

2 [フィルター]メニュー→[ぼかしギャラリー]→[フィールドぼかし]を選択します。

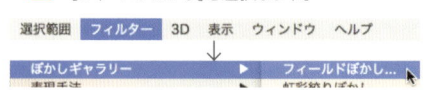

3 ぼかしワークスペースが表示されます。[ぼかしツール]タブの[フィールドぼかし]にある[ぼかし]のスライダーを右に操作します。画像の大きさによって変わりますが、ある程度写真のディティールがわかる程度にして(ここでは20px)、ぼかし過ぎないように設定します。

4 レイヤーパネルの描画モードで［比較（明）］を選択します❶。効果が強すぎる場合は、［不透明度］の数値を下げて調整します❷。

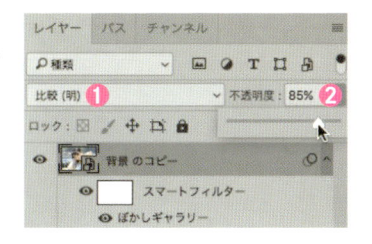

Camera Rawの［明瞭度］の場合

1 レイヤーパネルの「背景」を［新規レイヤーを作成］にドラッグして複製します。その「背景のコピー」を[Control]＋クリック（右クリック）してコンテキストメニューから［スマートオブジェクトに変換］を実行します。

2 ［フィルター］メニュー→［Camera Rawフィルター］を選択します。

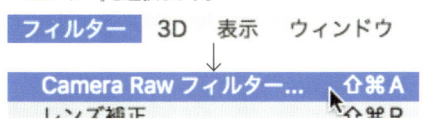

3 ［基本補正］タブの［明瞭度］をマイナス側に操作します。画像にもよりますが、50〜70程度にしてみるといいでしょう。

4 レイヤーパネルの［描画モード］で［比較（明）］を選択します。

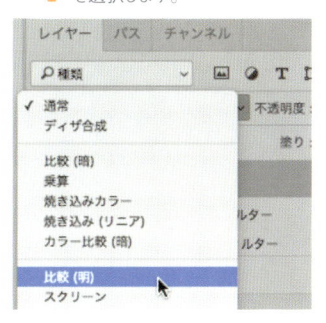

After

顔の一部（眼）にピントを残して他をぼかす

［フィールドぼかし］フィルターで手軽に実現

ポートレートでは被写界深度（ピントが合っている範囲）を浅くすると、奥行きを感じられる印象的な写真にできます。実際にはピント合わせが難しいのでレタッチで実現してみましょう。

Before

1 フィルターを使うので、スマートオブジェクトに変換しておきます。レイヤーパネルの「背景」を [Control] ＋クリック（右クリック）してコンテキストメニューから［スマートオブジェクトに変換］を選択します。

2 ［フィルター］メニュー→［ぼかしギャラリー］→［フィールドぼかし］を選択します。ぼかしギャラリーワークスペースが表示されます。プレビューエリアを見ると、中央に二重の円形が表示されています。中心の丸がぼけの中心で、外の輪がぼけ量を表示しています。白くなっている部分が多いほどボケ量が多くなります。

| フィルター | 3D | 表示 | ウィンドウ | ヘルプ |

ぼかしギャラリー ▶ フィールドぼかし...

3 まず、最初からあるぼかしポイントを中心の丸をドラッグして手前の目の上に移動し❶、ここはぼけないように設定します。外側の輪の白い部分の端をドラッグして［ぼかし］を0にすると❷ぼけがなくなります。

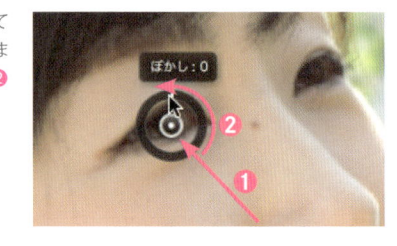

4 ぽかしたいところに新たにぽかしポイントを追加します。まず背景のグリーンの上でクリックしてポイントを追加します。被写界深度が浅い感じにしたいので、ポイントを顔に近づけて[ぽかし]の数値を増やします（ここでは20px）。

5 口角がぽけてしまったので、目の上のぽかしポイントを移動してぽけをコントロールします。どちらもぽけなくなるように位置を調整しましょう。ただし、あくまでも優先するのは目です。

6 後頭部も少しぽかしておきます。画像の外にもぽかしポイントを作れるので、少し外側にポイントを作り、ぽけ量を少な目に設定します（ここでは5px）。

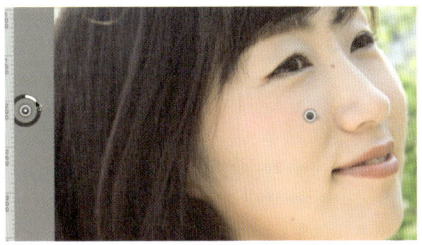

7 顔の奥側のボケが解消されてしまったのでさらにポイントを追加します。頬の辺りに追加して、[ぽかし]は9pxとしました。全体を見て自然に見えるようなら[OK]をクリックします。

Part 3

(Point)

ポイント上のサークルで[ぽかし]量を調整するのが難しければ、ポイントをクリックしてから、右側の[ぽかしツール]タブの[フィールドぽかし]→[ぽかし]で数値を調整できます。

After

Tip
43

電球の色を強調して暖かみのあるイメージに

[レンズフィルター]で簡単に実現

撮影時のホワイトバランス設定で電球の暖かい色が出なかった場合でも、[レンズフィルター]で電球色を演出することが可能です。

Before

1 レイヤーパネルの[新規調整レイヤーを作成]をクリックして❶、表示されるメニューから[レンズフィルター]❷調整レイヤーを作成します。

2 [属性]パネルの[適用量]を右に操作してフィルターの効果を強めます。色味を決めるまでは100%にしてしまいます。

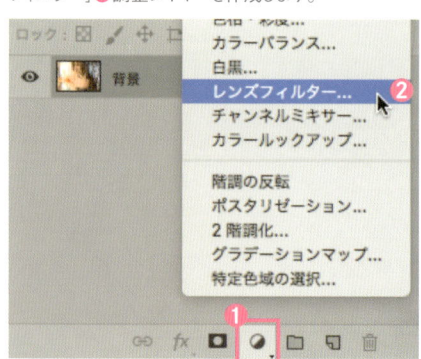

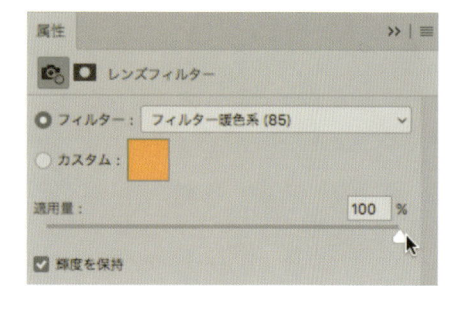

3 ［フィルター］のプルダウンメニューをクリックすると暖色系で3種類が選べます。それぞれ設定して色味を比べてみましょう。

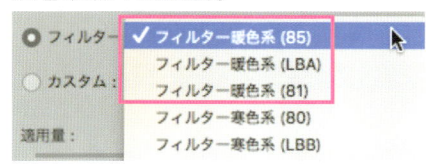

4 3種類のプリセットでは気に入らなかった場合は、［カスタム］のカラーの部分をクリックしてカラーピッカーを表示し、好みの色を設定できます。

5 カラーピッカーダイアログ左側の四角の中をクリックするとその位置の色が選択されます❶。選択した色はすぐに反映されて画像で確認できるようになっています。色味を変更したい場合は、縦に並んでいるカラーバーの中をクリックするか、左右にある白い三角を上下に動かします❷。望む色調になったら［OK］をクリックします。

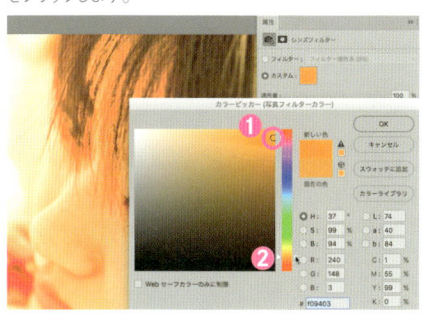

6 フィルターの効果が強すぎたら、［適用量］のスライダーを操作して調整します❶。属性パネルの目のアイコン［レイヤーの表示／非表示］❷をクリックすると調整レイヤーの表示／非表示が切り替えられるので、元画像との比較を行なうことができます。どの程度効果が加わっているかを確認しながら作業するといいでしょう。

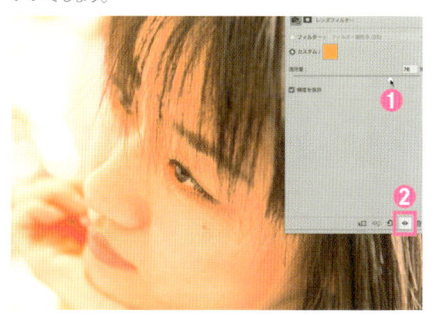

After

力強い印象を与える写真にする

Camera Rawフィルターが便利

男性を力強い印象にするには、コントラストを強調し、彩度はやや抑え、フィルムのような粒状感を付加するのが効果的です。これらを複合的に調整できるCamera Raw フィルターが便利です。

Before

2 ⌘＋Shift＋Aキーで［Camera Raw フィルター］を実行し、Camera Raw ワークスペースで調整します。まずコントラストを強くして陰影を強調します。［基本補正］タブの［コントラスト］スライダーをプラス側に操作します。影の部分のディテールが黒くつぶれてしまわない程度にします（ここでは15）。

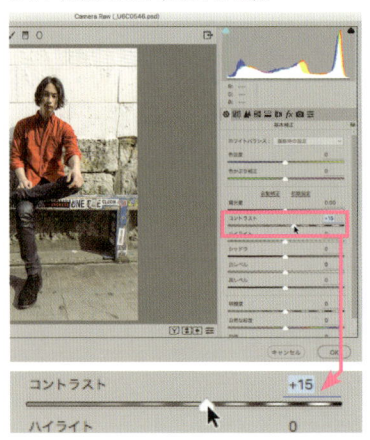

1 フィルターを使うので、レイヤーパネルの「背景」をControl＋クリック（右クリック）してコンテキストメニューを表示し、［スマートオブジェクトに変換］を実行します。

3 ［明瞭度］のスライダーをプラス側に操作すると、細部がよりはっきりしてきます。これによって硬質な感じがより強まります。

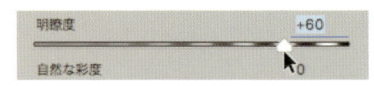

4 背後の壁が若干白くなりすぎたので、[ハイライト]をマイナス側に調整して少しだけ明るさを落としてディテールの再現性を高めます。

5 [彩度]をマイナス側に少しだけ操作して色の鮮やかさを減らします。−10程度でいいでしょう。やり過ぎると色がなくなってしまうので注意します。

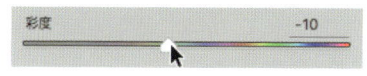

6 [効果]タブをクリックし❶、[かすみの除去]をプラス側に操作して❷、全体のシャープネスを強めます。少しの調整で効果が得られます。プレビューを確認しながら調整します。

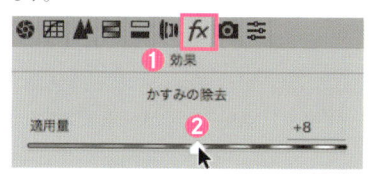

7 最後に[粒子]の[適用量]を操作して粒子感を加えます。効果が確認しやすいように[ズームツール]をダブルクリックしてプレビューを100%表示にします。数値を大きくするほど粒が大きく粗い感じになります。ここでは[適用量]を38としました。これで硬質で粗い印象の力強さを感じる状態になりました。

［ズームツール］

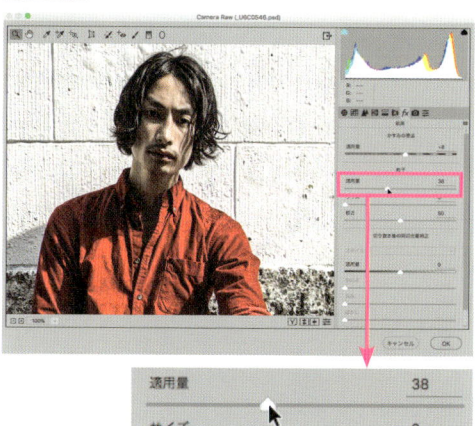

After

Tip
45

背景だけをモノクロにして人物を目立たせる

↓

[[白黒]調整レイヤーとレイヤーマスクを利用する]

写真の人物だけに色を残して背景をモノクロにすると、人物をより目立たせることができます。

Before

[焦点距離]でざっくり選択

1 ある程度人物を選択してしまうために、[選択範囲]メニュー→[焦点領域]を選択します。[焦点領域]ダイアログボックスが表示されるので[表示]から[オーバーレイ]を選びます。人物が赤く表示されました。

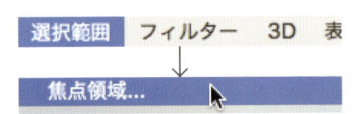

2 人物を塗りつぶして除外してしまうために、[選択範囲から除外]ブラシを選択して、塗られていない頭・つま先部分にブラシをかけます。次に[選択範囲に追加]ブラシを選択して、人物以外で塗られている背景（白い花弁など）にブラシをかけて塗りを消し、選択範囲に追加します。この2つのブラシは Option キーで相互に切り替えられます。

[選択範囲から除外]

[選択範囲に追加]

［選択とマスク］で境界を調整

1 だいたい人物だけを塗りつぶせたら、[焦点領域]ダイアログボックスの[選択とマスク]をクリックします。

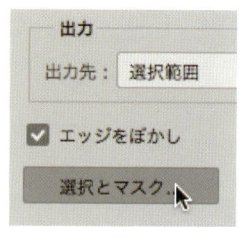

2 選択とマスクワークスペースが開きます。髪の毛部分の選択をより精密にするために、[ズームツール]を選択し、顔部分をクリックして拡大します。続いて[境界線調整ブラシツール]を選択します。ブラシのサイズを背景と髪の毛の境界部分がうまくなぞれるサイズに設定し（ここでは30px）、髪の毛の境界にブラシをかけます。

[ズームツール]

[境界線調整ブラシツール]

3 [属性]タブの[エッジの検出]オプションで[スマート半径]にチェックを入れて❶、[半径]❷を操作します。数値を変更すると髪の毛の細かい部分が選択されるので、一番よい状態になる数値を探します。

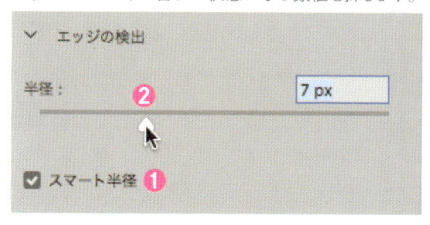

4 背景が複雑ですので、[表示]からさまざまな表示モードを切り替えて確認しながら、髪の毛だけを選択します。[クイック選択ツール]も駆使して不要な背景は除外して、境界を調整します。ある程度髪の毛部分の選択ができたら[OK]で画像編集モードに戻ります。

[クイック選択ツール]

欲しい写真にする〜イメージコントロール

クイックマスクモードで仕上げ

 ツールパネルの［クイックマスクモードで編集］をクリックしてクイックマスクモードに入り、選択範囲の最後の修正を行ないます。［ブラシツール］を選択して描画色／背景色を⊠キーで入れ替えながら、細部を塗り分けていきます。

［クイックマスクモードで編集］

 髪の毛はサイズを小さくして（図では5px→2px）なぞります。⌘+Ⅰキーで［階調の反転］をすると細い毛も見やすいでしょう。最後に⌘+Ⅰキーで人物が塗られた状態にしてから、ツールパネルの［画像描画モードで編集］をクリックして選択範囲に戻します。

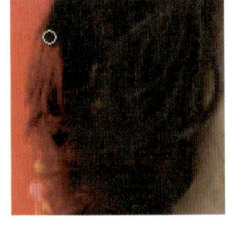 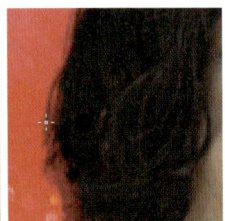

［白黒］調整レイヤーを作成

⌘+Ｏキーで画像全体を表示します。レイヤーパネルの［塗りつぶしまたは新規調整レイヤーを作成］から［白黒］を選択します。レイヤーマスクで人物の部分がマスクされた［白黒］調整レイヤーが作成され、背景が白黒になります。境界部分で気になるところは、このマスクを修正すればいつでもなおせます。

［塗りつぶしまたは調整レイヤーを新規作成］

After

属性パネルで、白黒にしたときの色ごとの明暗の出かたを細かく調整できます。プリセットも何種類か用意されているので、好みのものを探してみるといいでしょう。ここでは視線がより人物に集まりやすくなると判断して［明るく］を選択しました。

写真に躍動感を与える

↓

[パスぼかし]で方向を指定して動きを表現

躍動感のある写真を撮影するのは難しいもの。そこで、写真に動いている感じを加えてやることで躍動感ある写真にしましょう。

Before

1　人物を切り抜くために選択します。[選択範囲]メニュー→[焦点距離]を使うとPhotoshopがピントが合っている部分を自動的に選択範囲として認識してくれます。[焦点距離]ダイアログボックスで、選択されている部分を認識しやすくする[表示]モードを自分がわかりやすいように変更しましょう。ここでは[オーバーレイ]を選択しました。

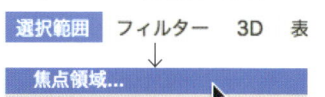

② 人物だけが選択範囲になるように修正していきます。[選択範囲に追加]ブラシが選ばれていなければクリックします。オプションバーで[サイズ]を調整し、肩〜腕、さらに腰〜左脚の付近を選択範囲に追加していきます。指先も[サイズ]を小さくして選択範囲に追加します。少しずつ様子を見ながらブラシをかけるといいでしょう。

 [選択範囲に追加]

③ [Option]キーを押すとカーソルに−（マイナス）がつき、一時的に[選択範囲から除去]ブラシになります。人物の後ろの背景部分を選択範囲から除外します。人物だけ選択できたら[OK]をクリックします。

(Point)

髪の毛など細かい選択範囲の修正には「45 背景だけをモノクロにして人物を目立たせる」で紹介した[選択とマスク]を使って境界を調整するといいでしょう。奥の腕などもともとぼけている部分は境界をぼかすと自然になります。

④ 選択範囲が表示されているので、⌘+Cでコピーし、⌘+Vで、人物をペーストします。選択範囲がアクティブなので同じ位置にペーストされ、人物だけのレイヤーが作成されます。

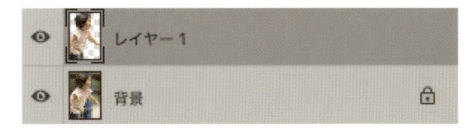

5 フィルターを使うので、レイヤーパネルの「背景」を⌘＋クリック（右クリック）して[スマートオブジェクトに変換]を選択します。そして[フィルター]メニュー→[ぼかしギャラリー]→[パスぼかし]を選択します。

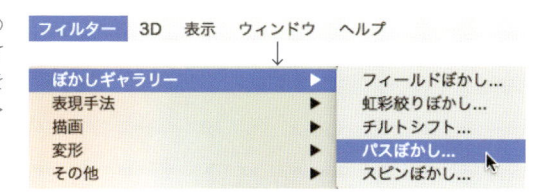

6 ぼかしギャラリーのウィンドウが表示されます。プレビュー中央に表示されているパスによってぼけの方向を設定できます。最初は方向が右向きになっているので右側の○をドラッグして矢印が左向きになるようにします。パスの長さは気にする必要ありません。

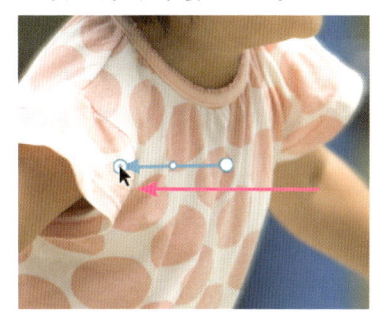

7 進行方向の後方にだけぼかしたいので、[ぼかしツール]タブの[パスのぼかし]にある[ぼかし（中央）]のチェックを外します❶。[速度]のスライダーで、プレビューを確認しながら効果を調整します❷。[OK]をクリックして[ぼかしギャラリー]から抜ければ完成です。

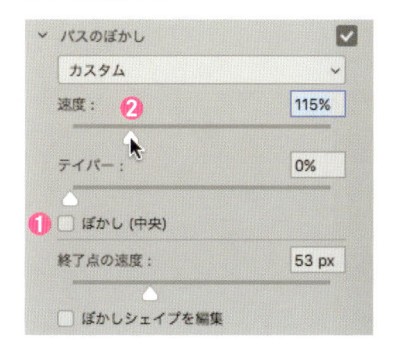

After

Tip
47

陰影を強調してクールなイメージに

[Labカラーで明度を調整、トーンカーブなどを活用]

陰影を強調すると硬めで男っぽい印象を持つ写真にすることができます。そこに
さらに効果を加えていくと、ポップな印象にしたりすることもできます。

Before

LabモードにCamera Rawで陰影を強調

1 色には影響させず、明るさのみ効果を加えたいので、[イメージ]メニュー→[モード]→[Lab カラー]を選択してカラーモードを変えます。

2 チャンネルパネルで「L」のチャンネルをクリックしてアクティブにします。⌘＋Shift＋Aで[Camera RAWフィルター]を実行します。

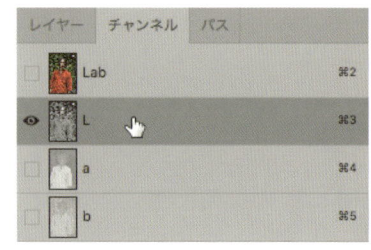

(**Point**)

LabカラーモードのスマートオブジェクトではCamera RAW
フィルターが使えません。直接フィルターを適用しますので、元の画像ファイルを複製したファイルで編集しましょう。

Camera Rawワークスペースが表示
されます。[基本設定]タブの[コントラ
スト]❶と[明瞭度]❷のスライダーをプラス側
に調整します。[コントラスト]は思い切って強
く、[明瞭度]はやり過ぎるとディティールが失
われる場合があるので弱めに調整します。プレ
ビューを見ながらここでは100と20に設定しま
した。

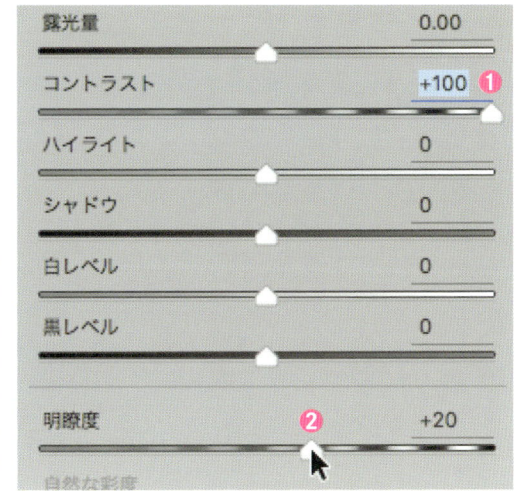

[トーンカーブ]タブ❶をクリックしてさら
に調整します。陰影がより強調されるよ
うに、S字を描くようにカーブを調整します❷。髪
の毛のディティールがつぶれてしまわない程度

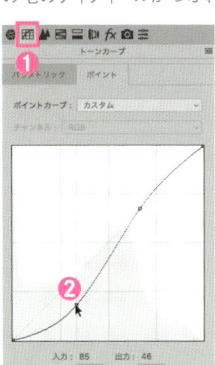

にコントラストを
つけるといいで
しょう。[OK]を
クリックしてフィ
ルターを適用し
ます。

After

チャンネルパネルで「Lab」をクリックし
てカラー表示に戻します。[モード]メ
ニュー→[RGBカラー]を選択して、RGBカラー
モードに戻します。

描画モードでアーティスティックに

1 レイヤーを使ってさらにひと工夫してみまます。レイヤーパネルで「背景」を[新規レイヤーを作成]アイコンにドラッグして複製します。

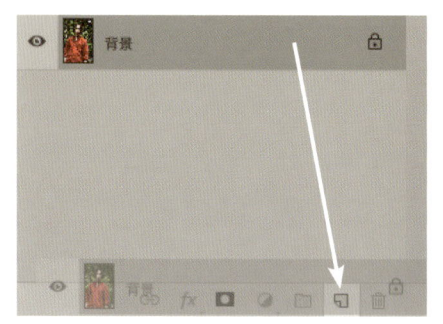

2 レイヤーパネルの「背景のコピー」の[描画モード]ポップアップメニューをクリックするとさまざまな描画モードが選択できます。ここでは[ハードミックス]❶を選択し[不透明度]を40%❷にしました。

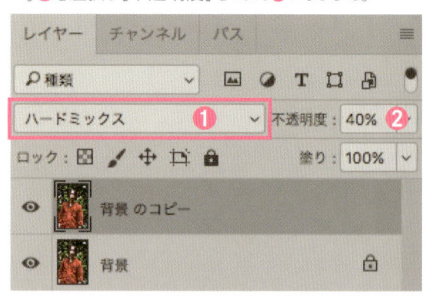

3 このようにポップアートのような印象にすることも可能です。

4 Labカラーで作業を続けていた場合は、最後に[モード]メニュー→[RGBカラー]を選択して、RGBカラーモードに戻します。「モードを変換する前にレイヤーを結合しますか?」というダイアログボックスが表示されるので[結合]をクリックします。結合しないとLabカラーでの編集が見た目通りにRGBカラーに変換されない場合があります。

Tip
48

女性らしさを前面に出したイメージに仕上げる

↓

[Camera Rawフィルターと
明るさ・肌色の調整レイヤーを組み合わせて]

柔らかい感じを前面に出してくことで、より女性らしさを感じられるポートレートにしていくことができます。さまざまな機能を活用して仕上げていきましょう。

Before

Camera Rawで肌を滑らかに

1 レイヤーパネルで「背景」を［新規レイヤーを作成］にドラッグ＆ドロップして複製します。その「背景のコピー」を［Control］＋クリック（右クリック）してコンテキストメニューから［スマートオブジェクトに変換］を実行します。

2 ⌘＋［Shift］＋［A］キーで［Camera Rawフィルター］を実行します。Camera Rawワークスペースが表示されます。まず［基本補正］タブの［明瞭度］をマイナスに操作して肌を滑らかにします。プレビューを見ながらにじみすぎない程度の数値に設定しましょう。

| 明瞭度 | -48 |
| 自然な彩度 | 0 |

3 影の部分を明るくするために［シャドウ］をプラス側に操作します。顔の影が目立たなくなる程度に設定しましょう。ただし、他の部分が不自然になるようであれば数値を下げます。

| シャドウ | +22 |
| 白レベル | 0 |

4 衣装にはこのフィルターの効果は必要ないのでマスクしていきます。レイヤーパネルで「スマートフィルター」のスマートフィルターマスクサムネールをクリックしてアクティブにします。

5 ツールパネルで[ブラシツール]を選択します。ブラシの[直径]を適宜変えながら衣装部分を塗りつぶしましょう。[硬さ]は90%程度の硬めに設定します。

 [ブラシツール]

6 チャンネルパネルの「背景 のコピー フィルターマスク」の目のアイコンを表示してマスクが見える状態で作業するとやりやすいでしょう。おおまかにマスクできればよいので、厳密に細部まで塗りつぶす必要はありません。

[トーンカーブ]調整レイヤーで明るく

1 レイヤーパネルの[塗りつぶしまたは新規調整レイヤーを作成]から[トーンカーブ]を選択すると「トーンカーブ1」調整レイヤーが作成されます。次に属性パネルで[直接操作]アイコンをクリックします。

 [塗りつぶしまたは調整レイヤーを新規作成]

 [直接操作]

2 のど元を上にドラッグして若干明るくします。

3 右腕の明るい部分を下に少しだけドラッグして白飛びを抑えます。これで全体のコントラストが少し弱くなり、より柔らかなイメージになりました。

[レンズフィルター]で肌色を調整

1 レイヤーパネルの[塗りつぶしまたは新規調整レイヤーを作成]から[レンズフィルター]を選択すると「レンズフィルター1」調整レイヤーが作成されます。属性パネルの[フィルター]で[マゼンタ]を選択します❶。色が強すぎるので[適用量]を下げます❷。肌の色が健康的に見えるようにするためなので、3〜5%程度で十分でしょう。

 [塗りつぶしまたは調整レイヤーを新規作成]

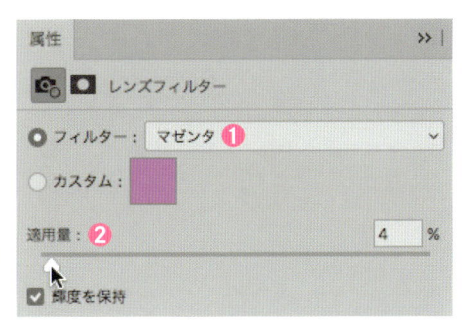

2 それでも若干濃く感じるので色を変えるため、[カスタム]の色部分❶をクリックしてカラーピッカーを表示します。より明るくて薄い色の箇所をクリックしてを選択します❷。

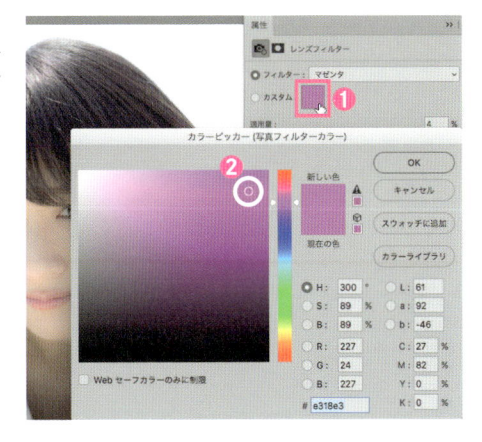

欲しい写真にする〜イメージコントロール

3 「レンズフィルター1」のレイヤーマスクサムネールがアクティブな状態で、[選択範囲]メニュー→[色域指定]を選択します。[色域指定]ダイアログボックスが表示されます。[選択]で[スキントーン]❶を選択して、[顔を検出]にチェックし❷、[許容量]を肌がほとんど選択されるように大きくします❸。多少他の部分が選択範囲に含まれても構いません。[OK]をクリックします。

4 レイヤーパネルを見ると「レンズフィルター1」調整レイヤーにこれでレイヤーマスクが設定され、肌以外への影響がほとんどなくなります。

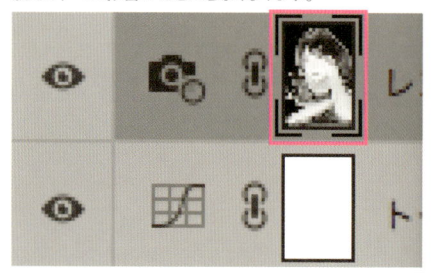

[露光量]で明るく

1 最後に全体をもう少しだけ明るくするためにレイヤーパネルの[塗りつぶしまたは新規調整レイヤーを作成]から[露光量]を選択します。「露光量1」調整レイヤーが作成されます。

 [塗りつぶしまたは調整レイヤーを新規作成]

2 プレビューを見ながら、属性パネルで[露光量]を少し上げます(ここでは+0.17)。これで明るく柔らかなトーンで、健康的な血色のよさが感じられる肌になり、女性らしいポートレートになりました。

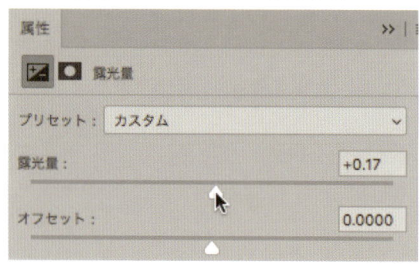

After

人物補正でよく使うショートカットキー一覧

ショートカットキーは初期設定のものです。カスタマイズも可能です（15ページのPointを参照）。

⌘＋Z	（直前の操作の）取り消し（アンドゥ）
⌘＋Option＋Z	［1段階戻る］で操作を遡って取り消し
⌘＋K	［環境設定］ダイアログボックスを表示
X	［描画色と背景色を入れ替え］
Q	［クイックマスクモードで編集］と［画像描画モードで編集］の切り替え
B	［ブラシツール］を選択
⌘＋I	［階調の反転］でマスクの白黒を反転できる
⌘＋Shift＋I	［選択範囲を反転］
⌘＋D	［選択を解除］
⌘＋T	［自由変形］
⌘＋Shift＋A	［Camera Rawフィルター］を実行
⌘＋Shift＋X	［ゆがみ］（顔ツール）を実行
⌘＋Option＋R	［選択とマスク］を実行
⌘＋0	［画面サイズに合わせる］で全体を表示
⌘＋1	［100%］で拡大して表示
⌘＋Spacebar	一時的に［ズームツール］にして拡大／縮小できる
Spacebar	一時的に［手のひらツール］にして画面をドラッグして移動できる

レイヤーマスクサムネールを⌘＋クリック　　選択範囲を呼び出し

選択ツールでOption＋ドラッグ　　　　中央から選択する

ツールを選ぶショートカットキーは、同じツールグループ内のツールを切り替えるにはShiftキーを併用しますが、環境設定（⌘＋K）の［ツール］にある［ツールの変更にShiftキーを使用］のチェックを外せば、Shiftキーなしでグループ内のツールが切り替えられて便利です。

超時短Photoshop

「人物写真の補正」速攻アップ！

2017年10月6日　初版　第1刷発行

[著　者]　藤島　健
[発行者]　片岡　巌
[発行所]　株式会社技術評論社
　　　　　東京都新宿区市谷左内町21-13
　　　　　電話 03-3513-6150　販売促進部
　　　　　　　　03-3267-2272　書籍編集部
[印刷／製本]　図書印刷株式会社

ISBN978-4-7741-9253-6　C3055
Printed in Japan

超時短Photoshop

藤島　健
Fujishima Takeshi
Photographer

作品作りの中で自分が持つイメージを実
現するためのツールとして活用できるであ
ろうと考えてPhotoshopを導入。銀塩写
真が主流の頃からデジタルデータとしての
写真を扱っている。コマーシャルやエディト
リアルの撮影の他、スキー、サイクルロード
レース、B.LEAGUE他、各種スポーツ撮
影をライフワークとしながら、撮影以外にも
Photoshop関連やカラーマネージメントな
ど、写真に関係する書籍や記事の執筆な
ども行なっている。

[アートディレクション]
藤井耕志（Re:D Co.）

[カバー&本文デザイン]
藤井耕志、萩村美和（Re:D Co.）

[モデル]
浅野貴士、春口ゆめ、水野絵理奈
（キャスティング:PLATINUM-S　協力:ソラリネ）

久保亜沙香

[編集]
和田　規

お問い合わせに関しまして

本書に関するご質問については、下記の
宛先にFAXもしくは弊社Webサイトから、
必ず該当ページを明記のうえお送りくださ
い。電話によるご質問および本書の内容
と関係のないご質問につきましては、お答
えできかねます。あらかじめ以上のことをご
了承の上、お問い合わせください。なお、ご
質問の際に記載いただいた個人情報は
質問の返答以外の目的には使用いたしま
せん。また、質問の返答後は速やかに削
除させていただきます。

宛先:〒162-0846
東京都新宿区市谷左内町21-13
株式会社技術評論社　書籍編集部
『超時短Photoshop
「人物写真の補正」速攻アップ!』係
FAX:03-3267-2269
技術評論社Webサイト
http://gihyo.jp/book/